Anouk-Lisa Taucher, Madeleine Geiger

Der Igel

Haupt
NATUR

Anouk-Lisa Taucher
Madeleine Geiger

Der Igel

Nachbar und Wildtier

Das Artporträt mit Ratgeber
für den Igelschutz

Haupt Verlag

Anouk-Lisa Taucher studierte an der Universität Zürich Biologie und arbeitet seit 2014 als Wildtierbiologin bei der Forschungsgemeinschaft SWILD und in den Projekten StadtWildTiere und Wilde Nachbarn. Als Projektleiterin ist sie maßgeblich in unterschiedliche Projekte zur Erforschung der Verbreitung und der Lebensraumansprüche von Wildtieren im Siedlungsraum sowie in Citizen Science Projekte involviert.

Madeleine Geiger hat an der Universität Zürich in Biologie promoviert. Sie arbeitet heute als Wissenschaftlerin an der Universität Zürich und bei der Forschungsgemeinschaft SWILD. Der Schwerpunkt ihrer Forschung beinhaltet verschiedene Stufen des Zusammenlebens von Mensch und Tier bis hin zur Domestikation und deren Auswirkungen auf Körperbau, Entwicklung, Evolution und Ökologie.

1. Auflage: 2021
ISBN 978-3-258-08194-6

Umschlaggestaltung, Gestaltung und Satz: pooldesign.ch, Zürich
Umschlagsfotos: Vorne oben: shutterstock/Miroslav Hlavko, vorne unten: Lucas Mohn/ stadtwildtiere.ch, hinten oben: Claudia Kistler/swild.ch, hinten unten: Didier Jeannin/ nosvoisinssauvages.ch

Wir verwenden FSC®-Papier. FSC sichert die Nutzung der Wälder gemäß sozialen, ökonomischen und ökologischen Kriterien.

Gedruckt in Deutschland

MIX
Papier aus verantwortungsvollen Quellen
FSC
www.fsc.org
FSC® C013736

Diese Publikation ist in der Deutschen Nationalbibliografie verzeichnet.
Mehr Informationen dazu finden Sie unter http://dnb.dnb.de.

Der Haupt Verlag wird vom Bundesamt für Kultur für die Jahre 2021–2024 unterstützt.

Wir verlegen mit Freude und großem Engagement unsere Bücher. Daher freuen wir uns immer über Anregungen zum Programm und schätzen Hinweise auf Fehler im Buch, sollten uns welche unterlaufen sein. Falls Sie regelmäßig Informationen über die aktuellen Titel im Bereich Natur & Garten erhalten möchten, folgen Sie uns über Social Media oder bleiben Sie via Newsletter auf dem neuesten Stand!
www.haupt.ch

Inhaltsverzeichnis

Prolog

Tiere, wie Menschen, haben eine Geschichte. Doch weil diese von Menschen geschrieben wird, spiegelt sich darin natürlich vor allem die Beziehung, die wir zu einem Tier haben, und deren Veränderungen im Laufe der Zeit. Je weiter weg wir gehen und je länger in der Zeit wir zurückdenken, desto wahrscheinlicher ist es, dass wir Unterschiede in der Art der Wahrnehmung eines Tieres feststellen. Das zeigt, dass das Bild eines bestimmten Tiers eben nicht «naturgegeben» und universell, sondern historisch und kulturell, d.h. an bestimmte Orte und Momente gebunden ist. Ein eklatantes Beispiel dafür ist der Wolf, der in eben den Regionen, wo er heute geschützt wird, noch vor relativ kurzer Zeit aktiv verfolgt wurde. Das hat natürlich nichts mit dem Wolf zu tun, sondern mit uns: in einer zunehmend urbanen Gesellschaft stellt er nicht mehr dieselbe Gefahr oder Konkurrenz dar wie zu einer Zeit, in der die meisten Leute von Landwirtschaft und Jagd abhängig waren. Es kann also durchaus Sinn ergeben, das Bild, das wir heute von einem Tier haben, im Lichte der Vergangenheit zu betrachten. Das erhellt immer auch unsere gegenwärtige Beziehung zum Tier.

Der Igel, um den es in diesem Buch geht, ist in mancherlei Hinsicht weniger präsent in der abendländischen Kultur als etwa das einheimische Räuber-Trio Fuchs, Wolf und Bär, denen auch die meisten Hauptrollen in Fabeln und Legenden aller Art zufallen. In unserer Dokumentation ist der Igel aber auch weniger gut vertreten als Katze, Hund oder Schwein, die den Menschen seit Jahrtausenden in seinem zivilisatorischen Prozess begleiten, und deshalb mit uns eine ereignisreiche und gut belegte Vergangenheit teilen. Zwar existieren antike Vasenbilder, aus denen hervorgehrt, dass schon die Griechen den Igel als Haustier hielten, und auch das Mittelalter kennt den «Hausigel», welcher, von Wasser und Wein ernährt, den Küchenschaben und Mäusen nachgeht und so die Reinigungsaufgaben der modernen Katze wahrnimmt. Es scheint jedoch, als hätte die lange gemeinsame Existenz von Mensch und Igel nicht zu einem sehr deutlich umrissenen Bild des kleinen Insektenfressers geführt. Er ist weder «listig wie der Fuchs», «grausam wie der Wolf» noch «furchtsam wie der Hase». Dennoch lassen sich ein paar Züge ausmachen, die für Menschen des 21. Jahrhunderts, die ein eher positives Bild vom Igel haben, vielleicht überraschend sind.

Das erste Problem, das einem begegnet, wenn man in älteren Dokumenten nach Igeln sucht, ist ein terminologisches. Während manche Tiere, wie etwa der Elefant, in vielen Sprachen ähnlich lautende Bezeichnungen haben, die in konstanter Weise auf immer dieselbe Tierart verweisen, liegen beim Igel mindestens vier lateinische oder aus dem Griechischen latinisierte Namen vor. Die gängigen lateinischen Bezeichnungen für den Igel sind echinus oder ericius, während das Stachelschwein gemeinhin hystrix oder vereinzelt auch erinaceus genannt wird. Die Konfusion geht, wie häufig, auf die Bibel und die beiden alttestamentlichen Listen (Lev. 11 und Dtn 14) der unreinen und somit für die Ernährung verbotenen Tiere zurück. In diesen Listen, die eine Unmenge von hebräischen Tiernamen enthalten, die den griechischen und lateinischen Übersetzern zum Teil völlig unbekannt waren, figuriert auch der Klippschliefer. Da die Übersetzer mit dem hebräischen Ausdruck nichts anfangen konnten, haben sie den Namen *chyrogrillius* (χοιρογρλλιοσ) verwendet, ein Begriff, der im Mittelalter für eine ganze Reihe von kleineren Tieren wie Hase, Eichhörnchen oder Dachs verwendet wurde, unter anderem aber auch für den Igel und das Stachelschwein. Das ist weniger unerklärlich als es auf den ersten Blick scheinen mag, denn die Tiere sind alle relativ klein und leben, abgesehen natürlich vom Eichhörnchen, alle in unterirdischen Bauten. Dadurch «ähneln» sie sich. Solche Ähnlichkeiten spiegeln sich auch im modernen Sprachgebrauch. Es genügt in diesem Zusammenhang darauf hinzuweisen, dass sowohl das Englische *hedgehog* wie auch das im Deutschen noch im 18. Jahrhundert gebräuchliche *Schweinigel* die Ähnlichkeit mit dem Schwein *(hog)* hervorheben, und dass westfälisch *Skarp Hase* «der Hase, der sticht» dasselbe für den Hasen suggeriert. Im romanischen Sprachbereich haben regional Übertragungen des Begriffs *porc-épic* u. Ä. auf den einheimischen Igel stattgefunden. Die begriffliche Konfusion erschwert die Auswertung von Archivdokumenten und der gelehrten Literatur, die bis weit ins 16. Jahrhundert vorwiegend lateinisch verfasst wurde, doch sie zeigt eben auch, wie man sich früher die Tierwelt vorstellte: *Hegdehog* und das im älteren Deutsch ebenfalls belegte *Zaunigel* sagen uns, dass der Igel in Hecken lebt, die Zusammensetzungen mit «Schwein» oder «Hase» rücken ihn in die Nähe anderer Tiere, und die Interpretationsmöglichkeiten, die *chyrogrillius* zulässt, machen eine Kategorie von «Kleintieren» auf, mit denen der Igel assoziiert ist.

Auch wenn die Terminologie fließend ist, ist das Stachelschwein vom Igel, was die Symbolik betrifft, klar abgegrenzt: In alter Literatur liest man, dass das Stachelschwein, wenn es angegriffen wird, seine Stacheln gegen seinen Feind schleudere, während der Igel sich zu einer Kugel zusammenrolle, was weniger heroisch ist. So ist auch wenig überraschend, dass die Herzöge des Hauses Orléans und der spätere König Louis XII. (1462–1515) das Stachelschwein und nicht den Igel zu ihrem Emblem erkoren und mit der Devise *Cominus et eminus* «von nah und von fern» versehen haben. Wer sich mit dem Stachelschwein anlegt, wird es bereuen. Der Igel mit seiner rein defensiven Taktik kommt weniger gut weg. Das Stachelschwein ist übrigens keineswegs imstande, seine Stacheln absichtlich gegen einen Angreifer zu schleudern. Es schüttelt sich, und dabei kann es vorkommen, dass Stacheln sich lösen und wegfliegen.

Seine Fähigkeit, sich zu einer Kugel zusammenzurollen, ist verständlicherweise ein Merkmal, das in sämtlichen Beschreibungen des Igels erwähnt wird, wenn auch oft in einem wenig zutreffenden Zusammenhang. Für ein Tier, das so lange Zeit quasi Tür an Tür mit den Menschen gelebt hat, sind die Eigenschaften des Igels bis in die Neuzeit erstaunlich inakkurat beschrieben. So wird er z. B. stets als Obstfresser dargestellt und zwar in der immer gleichen quasi «ikonischen» Szene, in der er in einen Fruchtgarten oder einen Weinberg eindringt, sich zu einer Kugel zusammenrollt, und sich solange rücklings auf dem Boden wälzt, bis sämtliche seiner Stacheln von Früchten bedeckt sind und er schwerbeladen mit seiner Beute in seinen Bau zurückkehrt. Diese Information, die in der Natur nicht belegt ist, findet sich mit erstaunlicher Konstanz in antiken und mittelalterlichen Quellen. Ausgangspunkt ist der sogenannte *Physiologus*, ein wohl im 4. Jahrhundert in Alexandrien auf Griechisch verfasstes Werk, das bald auf Lateinisch und dann von dort im Mittelalter in verschiedene Volksprachen übersetzt worden ist. In dieser Tradition werden Tiere und ihre Eigenschaften und Verhaltensweisen in kurzen, lexikonartigen Artikeln beschrieben. Anders als in einer modernen Enzyklopädie werden diese Merkmale jedoch gedeutet, d. h. als Teil eines christlichen Zeichensystems verstanden, in welchem die ganze Natur zu einem Buch wird, welches, richtig interpretiert, die Heilsgeschichte erzählt. Diese Tradition, die vom *Physiologus* ausgeht und sich in den mittelalterlichen Tierbüchern, den sogenannten Bestiarien, weiterschreibt, hat die westliche Kultur stark geprägt, obwohl die allermeisten der beschriebenen Eigenschaften völlig imaginär sind. Die Legende des Pelikans, der sich für seine Jungen opfert, indem er sich mit seinem Schnabel die Brust aufreißt, um sie mit seinem Herzblut zu beleben und zu ernähren, geht z. B. auf diese Tradition zurück, genauso wie die angebliche Eigenschaft des Löwen, der seine Spuren im Boden mit seinem Schwanz verwischt, damit die Jäger ihm nicht nachstellen können. In all diesen Einträgen der Bestiarien geht es darum, die Eigenschaften der Tiere auf einer christlich-allegorischen Ebene zu lesen: der Pelikan erinnert an das Opfer Christi, der für uns sein Leben gegeben hat, und die Schwanzbewegung des Löwen – auch er ein Bild Christi – verweist darauf, dass er seine göttliche Natur in einem menschlichen Körper verborgen hält. Viele Tiere in dieser Tradition verweisen auf Christus, andere hingegen, so auch unser Igel, werden zu einer Figur des Teufels: Er schleicht sich in den Garten des Herren und stiehlt dessen Früchte, d. h. die Seelen der Menschen. So lautet die Überschrift des Igel-Kapitels in den mittelalterlichen Bestiarien-Handschriften bisweilen unverblümt: *De hericione et eius natura, qui Diabolum significat* «Vom Igel und dessen Wesen, der den Teufel bedeutet». Unsere Texte lasten somit dem unschuldigen Igel seit über einem Jahrtausend immer wieder eine räuberische Neigung an, die jeglicher Grundlage entbehrt: er frisst ja nicht einmal Obst, sondern vor allem Insekten. Interessanterweise hält sich diese Beschreibung bis ins *Thierbuch* des Zürchers Conrad Gessners, das häufig als erstes zoologisches Handbuch im modernen Sinne gepriesen wird und gerade bei einheimischen Tieren sonst der direkten Beobachtung großen Platz einräumt und das tradierte Buchwissen relativiert. Seine zuerst auf Lateinisch erschienene *Historia animalium* (1551–1558), die über 4500 Seiten stark ist und Illustrationen bemerkenswerter Qualität enthält, wiederholt nicht nur die Informationen des *Physiologus* bezüglich des Diebstahls in Kugelform, sondern fügt noch ein Detail bei, wohl um die Angabe besonders realistisch und glaubhaft zu machen: Falls der Igel auf dem Heimweg auch nur eine Traube verliere, so schüttle er alle anderen auch ab und kehre noch einmal in den Garten zurück, damit er danach vollbeladen in seinen Bau zurückkehren könne.

Gessner wiederholt auch die Beschreibung des Igels als Wetterprophet, die auf einen fälschlicherweise Aristoteles zugeschriebenen Text zurückgeht, und weiß sonst viel Nützliches zum Igel zu berichten; so etwa, dass man mit seiner Haut die Kleider reinigen könne und dass man sie, an der Spitze einer Stange befestigt, dazu verwenden könne, Hunde zu vertreiben. Auch erwähnt er, dass in der Antike der Igel nicht auf dem Speiseplan stand *als bey unseren Zeiten beschicht* «wie es zu unseren Zeiten geschieht». Allerdings sind die Rezepte, die er dann anfügt, eher medizinischer als kulinarischer Natur. Überhaupt sind uns nur wenige Rezepte auf Basis von Igelfleisch bekannt, weil die überlieferten Rezept-Sammlungen in der Regel aus eher gehobeneren Kreisen stammen, wo Igel weniger häufig aufgetischt wurden. Immerhin haben wir wenigstens von einem Kochrezept Kenntnis, das uns bestätigt, dass Igel sehr wohl im Kochtopf landen konnten, sogar in städtischen Gebieten: Gegen Ende des 14. Jahrhunderts schreibt ein Bürger von Paris ein unter dem Titel *Mesnagier de Paris* bekanntes Hausbuch, in dem er für seine ganz junge Ehefrau allerlei Hinweise zu einer effizienten Haushaltsführung sammelt, wozu natürlich auch das Kochen gehört. Nur eines von mehreren Hundert Kochrezepten beruht auf Igelfleisch, doch belegt es, dass man sich in Paris offenbar Igel auf dem Markt beschaffen konnte, und dass diese in vornehmeren Haushalten, ähnlich wie etwa Eichhörnchen, nicht besonders geschätzt wurden. Der Pariser Hausmann weiß auch, wie man den zur Kugel zusammengerollten Igel wieder «entrollen» kann: *Nota que se le herichon ne se veult destortiller l'en le doit mectre en eaue chaude et lors il s'estendra*. «Wenn der Igel sich nicht aufrollen lassen will, muss man ihn ins heiße Wasser legen und dann breitet er sich aus». Heute riskiert der Igel kaum mehr, in der Bratpfanne zu landen, und wir halten ihn auch nicht mehr für den diabolischen Eindringling in Gottes Weinberg. Aber das Zusammenleben von Mensch und Igel ist auch heute nicht ganz unproblematisch, wie den folgenden Seiten von Madeleine Geiger und Anouk-Lisa Taucher entnommen werden kann.

Prof. Dr. Richard Trachsler, Romanisches Seminar, Universität Zürich

Einleitung: Den Igeln auf der Spur …

Es ist Nacht. Obwohl wir uns in einem Stadtteil von Zürich befinden, sind nicht mehr viele Leute unterwegs. Die Kirchenuhr hat gerade 12-mal geschlagen: es ist Mitternacht; wir sind schon seit zwei Stunden unterwegs. Wie schnell doch die Zeit vergeht, wenn man konzentriert nach etwas sucht! Ausgerüstet mit Taschenlampen, klappern wir alle Grünflächen im Quartier ab. Wir leuchten über die Rasen- und Wiesenflächen auf der Suche nach dieser ganz spezifischen Form, diesem rundlichen Tier, das wie eine kleine Dampflokomotive, so gar nicht still und heimlich wie die meisten anderen Wildtiere der Nacht, durch das Unterholz und die Wiesen pflügt, schmatzend und schnaubend Insekten und Würmer vertilgt – dem Igel. Dabei kommt mir der Gedanke, was Leute, die uns sehen, wohl denken. Mit der Taschenlampe und meiner dunklen Kleidung mitten in der Nacht durch die Grünflächen schleichend, sehe ich wahrscheinlich schon fast wie ein Einbrecher aus. Hätte ich vielleicht etwas Farbiges anziehen sollen statt der schwarzen Jacke und der dunklen Jeans? Kurz darauf werden wir von einer Polizeipatrouille angehalten und von dem ernst schauenden Polizisten gefragt, was wir so spät hier noch machen. Ich bin etwas nervös, obwohl wir nichts zu verbergen haben. Ich antworte ihm, dass wir nach Igeln suchen für eine wissenschaftliche Studie zur Erfassung der Igeldichte in der Stadt Zürich. Seine Miene lockert sich, der Polizist lacht kurz und fährt dann weiter. Allzu verdächtig sehen wir also doch nicht aus. Es ist klar, von uns geht keine Gefahr aus. Wir gehen weiter auf der Suche nach den kleinen Spaziergängern. Wir befinden uns in einem Gebiet mit viel Grünraum und Versteckmöglichkeiten und entsprechend auch vielen stacheligen Bewohnern. Bereits drei Individuen haben wir angetroffen in den vergangenen zwei Stunden. Ein Männchen und ein Weibchen trafen wir an, als sie sich wie für Igel typisch bei einem Paarungsversuch des Männchens wild umkreisten, als sich ein dritter Igel dazugesellte. Diese so beschäftigten Tiere haben wir natürlich nur ungern gestört, haben sie aber dennoch kurz aufgehoben, gewogen und mit einer individuellen Markierung gekennzeichnet. So können wir die Igel zählen, die in diesem Gebiet leben. Lange hielt diese Unterbrechung aber nicht an und das Männchen verfolgte schon bald wieder das Weibchen, der dritte Igel wurde vom anderen Männchen nach kurzer Zeit weggeschubst und zog weiter.

Kurz vor 1 Uhr morgens nähern wir uns dem anderen Ende des Untersuchungsgebiets. In diesem Teil sind meist viele Igel unterwegs, es ist ein eher wildes Gebiet mit vielen Büschen um die Wohnblöcke. Auf der Suche nach den Igeln folgen wir dem kleinen Pfad um die Ecke und auf die offene Wiese hinter dem Wohnblock. Hier ist es dunkel, ein großer Busch schirmt das Licht der Straßenlaterne ab, etwas weiter entfernt hören wir Stimmen von einem Balkon. Eine Stimme aus dem Nichts erschreckt uns. «Kann ich Ihnen helfen?», werden wir gefragt von einer Frau mit einem sehr misstrauischen Blick, den man sonst nur von den Schweizern kennt, wenn man sein zum Abholen vor die Tür gelegtes Altpapier nicht richtig gebündelt hat. Ich erzähle

ihr von unserem Forschungsprojekt und wie wir versuchen herauszufinden, wie viele Igel es noch in Zürich gibt. Ich erwarte bereits eine Schelte dafür, dass wir vor ihrer Haustüre herumschleichen. Doch ganz im Gegenteil: Die Frau ist hocherfreut. Sie bedankt sich bei uns ausführlich dafür, dass wir uns für die Igel einsetzen und erzählt uns von ihren eigenen Begegnungen mit dem kleinen Stachelträger.

Junger Igel trinkt an einem Teich mitten im Siedlungsgebiet.

Wer mit Igeln arbeitet, merkt schnell, dass diese Tiere bei den Menschen äußerst beliebt sind. Selbst bei der Suche nach Standorten für Spurentunnel wird rasch klar, dass die Leute gern bereit dazu sind, ihren Garten zur Verfügung zu stellen, wenn es darum geht, zu schauen, ob Igel dort vorkommen. Igel sind süß und alles andere als bedrohlich und können abends mit etwas Glück im Garten beobachtet werden. Von Gessners Traubendieb und der Figur des Teufels, welche dem Igel im Mittelalter angelastet wurde (siehe Prolog), ist heute nicht mehr viel übrig. Der Igel hat sich zu einem bekannten und gern gesehenen Gartenbewohner gemausert. Für kaum ein anderes Wildtier setzen sich so viele Personen aktiv in Auffangstationen ein. Für uns ist dies nicht überraschend: Igel faszinieren und es gibt eine Menge zu entdecken, wenn man sich die Zeit nimmt, sie zu beobachten.

Wir hoffen, Ihnen die Faszination für den Igel mit diesem Buch weitergeben zu können. Über fünf Kapitel werden zwei Hauptschwerpunkte verfolgt: Ein Fokus liegt auf der Biologie und der Lebensweise des Igels, während ein weiterer Hauptteil die vielfältigen Möglichkeiten zum Igelschutz und zur Igelförderung aufzeigt. Kapitel 1 schildert die Entwicklungsgeschichte der Igel und porträtiert die nächsten Verwandten. Im Kapitel 2 liegt der Fokus auf den verschiedenen Igelarten, die es in Europa gibt. Das ausführliche Kapitel 3 widmet sich der Biologie und der Ökologie des Igels. Darin werden Fragen beantwortet wie «Was macht einen Igel überhaupt aus?», «Wo leben Igel?» und «Wie lange dauert ihr Winterschlaf?». Kapitel 4 gibt viele Inputs, wie man Igel im eigenen Wohnumfeld und im öffentlichen Raum fördern und schützen kann. Schließlich widmet sich Kapitel 5 der Frage, wie es um die Igelbestände in Europa steht und gibt einen Überblick über die aktuelle Igelforschung.

Das Buch ist so gegliedert, dass es nicht von A bis Z durchgelesen werden muss. Wichtige Konzepte werden, wo nötig, wiederholt und es gibt zahlreiche Verweise zu weiterführenden Kapiteln.

Die Pflege von kranken und verletzten Igeln sollte Fachpersonen überlassen werden. Dieser Themenbereich wird im vorliegenden Buch deshalb nur ansatzweise behandelt. Dieses Buch ist eine Synopsis aus der internationalen wissenschaftlichen und populärwissenschaftlichen Literatur sowie aus Leitfäden und Berichten von Wildtierbiologinnen und -biologen. Eingestreut ins Buchs finden Sie Inputs erfahrener Igel-Fachpersonen, die Themen aus der Igelforschung, Igelpflege und Gartengestaltung vertieft erläutern. Weiterführende Literatur für eine weitere Auseinandersetzung mit verschiedenen Themen werden am Ende des Buches vorgestellt. Um die Lesbarkeit zu erleichtern, haben wir auf die Zitierung von Quellen innerhalb des Textes verzichtet. Die wichtigsten Quellen sind jedoch ebenfalls am Ende des Buches vermerkt. Wir wünschen Ihnen viel Vergnügen bei der Lektüre.

Anouk-Lisa Taucher, Madeleine Geiger

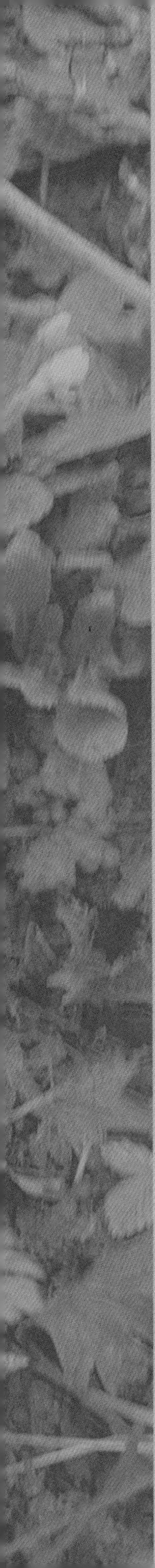

1 Die Evolutionsgeschichte der Igel

Igel im Baum des Lebens

Igel sind Säugetiere und gehören zu den «Insektenfressern», einer Gruppe von Tieren, die in der Fachsprache «Lipotyphla» oder «Eulipotyphla» genannt wird, was auf Griechisch so viel bedeutet wie «(echte), keinen Blinddarm besitzende Tiere». Früher wurde diese Gruppe auch «Insectivora», also «Insektenfresser» genannt. Im Folgenden werden wir den Begriff «Insektenfresser» weiterverwenden, weil er gut etabliert ist, obwohl er unter Fachleuten eigentlich nicht mehr als korrekt angesehen wird. Der Name dieser Säugetiergruppe impliziert jedoch nicht, dass alle Insektenfresser nur Insekten fressen (vgl. Kapitel 3, «Was fressen Igel?»). Die Gruppe der Insektenfresser umfasst neben den Igeln (Erinaceidae) auch die Maulwürfe (Talpidae), die Spitzmäuse (Soricidae) und die Schlitzrüssler (Solenodontidae). In Bezug auf die Anzahl der Arten sind die Insektenfresser nach den Nagetieren und den Fledermäusen mit rund 450 Arten die drittgrößte Säugetier-Ordnung. Insektenfresser sind durchwegs eher kleine Säugetiere; der kleinste lebende Vertreter, die Etruskische Zwergspitzmaus *(Suncus etruscus)*, ist mit rund 2 g Körpergewicht gleichzeitig das kleinste heute lebende Säugetier der Welt, zusammen mit der etwa gleich kleinen, aber nicht zur selben Gruppe gehörenden Hummelfledermaus *(Craseonycteris thonglongyai)*. Die größten heute lebenden Insektenfresser sind aber auch keine Schwergewichte und erreichen nur ein Gewicht von bis rund 1,5 kg. Zu diesen größten Vertreter gehört zum Beispiel unser Braunbrustigel *(Erinaceus europaeus)*, aber auch der Große Haarigel *(Echinosorex gymnurus)*, der in Südostasien heimisch ist.

Die nächsten Verwandten der Igel sind die Maulwürfe (links), die Spitzmäuse (Mitte) sowie die auf Kuba und Haiti vorkommenden Schlitzrüssler (rechts).

Die Positionierung der Insektenfresser im Baum des Lebens, also der Verwandtschaftsbeziehung zwischen den Tiergruppen im Laufe der Evolution, galt lange als problematisch. Die Schwierigkeit war, dass Insektenfresser meistens relativ wenige spezielle und eindeutig diagnostische Merkmale aufweisen, welche eine sichere Zuteilung zu der einen oder der anderen Säugetiergruppe ermöglicht hätten. Deshalb wurden Insektenfresser lange als sogenannte «Papierkorb-Gruppe» bezeichnet: Hatte ein neu entdecktes Säugetier viele unspezifische Merkmale, z. B. unspezialisierte Zähne, und ließ sich deshalb nicht eindeutig einer Gruppe zuteilen, wurde es oft einfach als Mitglied der Ordnung der Insektenfresser eingeteilt. Dabei wurden die Insektenfresser generell als ursprünglich oder auch primitiv angesehen, also als Gruppe, von denen alle anderen Gruppen abstammen. Mit den großen Fortschritten bei molekularen Methoden in den letzten Jahrzehnten, z. B. der Genetik, konnte das Wissen um die Verwandtschaftsverhältnisse zwischen den Säugetiergruppen jedoch markant vorangetrieben werden. Vor allem in der Gruppe der Insektenfresser wurde es deshalb möglich, verschiedene «Insektenfresser» mit Überzeugung nun anderen Gruppen zuzuteilen. Dazu gehören z. B. die Tenreks und die Goldmulle, die heute, zusammen mit Elefanten, Schliefern, Erdferkeln, Rüsselspringern und Seekühen, einer eigenen Säugetiergruppe zugeteilt werden. Heute ist die Gruppe der Insektenfresser relativ gut definiert und im Baum des Lebens positioniert. Durch solche neuen Einsichten ist auch klar, dass die Insektenfresser keinesfalls per se primitiv (also ursprünglich und wenig spezialisiert) sind. Sie stehen nicht an der Basis des Stammbaumes der Säugetiere, sondern sind am nächsten verwandt mit den Fledermäusen, den Huftieren (inklusive der Wale), den Raubtieren und den Schuppentieren.

Die Igel der Welt

Es gibt viele unterschiedliche Arten von Igeln, welche innerhalb der Insektenfresser in der Gruppe der «Eigentlichen Igel» (Erinaceidae) zusammengefasst werden. Die Erinaceidae wiederum sind in zwei Untergruppen unterteilt, die «Haarigel» (Galericinae) und die «Stacheligel» (Erinaceinae). Ersteren fehlen, wie im Namen schon angedeutet, die Stacheln. Sie sind vor allem in den Wäldern Südostasiens verbreitet. Die bei uns heimischen Igel, um die es in diesem Buch hauptsächlich gehen wird, gehören zur Gruppe der Stacheligel. Diese sind in Eurasien und Afrika verbreitet und bewohnen verschiedenste Lebensräume von bewaldeten Gebieten bis hin zu Wüsten. Über die genaue Anzahl und die Verwandtschaft der Untergruppen innerhalb der Stacheligel wird noch immer debattiert. Eine Schätzung geht von 16 Arten aus, aufgeteilt in 5 Gattungen. Die Arten aus der Gattung Kleinohrigel *(Erinaceus)* bewohnen Waldgebiete, Grasland, Buschland, Landwirtschaftsflächen und Siedlungsgebiete in Europa, in Teilen Russlands, Westasiens und Ostasiens (mehr dazu im Kapitel 3, «Wo leben Igel?»). Afrikanische Igel *(Atelerix)* bewohnen Savannen, Buschland, Grasland und siedlungsnahe Gebiete in Teilen von Subsahara-Afrika und Nordafrika sowie zum Teil auch im Süden der Iberischen Halbinsel. Die Arten der Gattung Wüstenigel *(Paraechinus)* bewohnen Wüsten und andere trockene Lebensräume, wie z. B. halbtrockenes Buschland sowie landwirtschaftliche Gebiete Nordafrikas, Westasiens und Teile Indiens und Pakistans. Langohrigel *(Hemiechinus)* bewohnen Halbwüsten, Steppen und siedlungsnahe Gebiete in Teilen West- und Zentralasiens bis in die Mongolei sowie kleinere Gebiete Nordafrikas. Steppenigel *(Mesechinus)* bewohnen die Steppen und Waldsteppen Chinas und der Mongolei. Die äußerlichen Unterschiede zwischen den Arten dieser Gattungen sind nur relativ klein und betreffen beispielsweise die Länge der Ohren und die Fellfarbe.

Links: Der Kurzschwanz-Rattenigel *(Hylomys suillus)* gehört zu den «Haarigeln» (Galericinae) und ist in Südostasien beheimatet.

Oben: Der Weißbauchigel *(Atelerix albiventris)* ist ein Vertreter der Afrikanischen Igel und wird zum Teil als Haustier gehalten.

Der Äthiopische Igel *(Paraechinus aethiopicus)* ist ein Vertreter der Wüstenigel Westasiens und Nordafrikas.

Langohrigel *(Hemiechinus auritus)* machen ihrem Namen alle Ehre.

Sind Igel urzeitliche Tiere?

Es gibt auch immer noch Unklarheiten bezüglich der Frage, wie die Igel und ihre Verwandten im Laufe der Erdgeschichte entstanden sind. Das liegt zum einen daran, dass es schwierig ist, die verschiedenen ausgestorbenen Insektenfresser, die oft einen ähnlichen Körperbau und ähnliche Zähne haben, voneinander zu unterscheiden und in Gruppen einzuteilen. Zum anderen gibt es nur eine beschränkte Anzahl Fossilien, welche oft nur einzelne Körperteile, zum Beispiel Zähne, umfassen.

Igel werden im Vergleich zu anderen Tieren oft als sehr alte Artengruppe bezeichnet. Dies ist jedoch nur bedingt der Fall. Die bisher ältesten Fossilien, die der weiteren Igelverwandtschaft – Erinaceomorpha – zugeteilt werden, stammen aus dem Unteren Paläozän von Nordamerika und Europa und sind mindestens 61,6 Millionen Jahre alt. Diese Tiere, *Adunator* genannt, stammen also aus einer Zeit unmittelbar (erdgeschichtlich gesehen) nach dem Aussterben der Dinosaurier vor rund 66 Millionen Jahren. Im Vergleich zu anderen, heute lebenden Säugetierlinien, wie z. B. den Menschenaffen, sind die Igelverwandten also tatsächlich eine eher alte Gruppe. Anderseits ist die Zuteilung von *Adunator* zu den Igelverwandten nicht sicher geklärt, wegen der oben genannten Schwierigkeiten bei der Einteilung der Insektenfresser. Auch ist unklar, ob diese Tiere bereits Stacheln besessen haben oder nicht (Haare und Stacheln versteinern nur sehr selten), ob sie also eher den Haarigeln oder den Stacheligeln geglichen haben. Die erdgeschichtlich ältesten Funde stacheliger Igelverwandten sind sehr viel jünger (*Pholidocercus*, siehe nächstes Kapitel) und somit fällt die Evolution der für uns typischen stacheligen Igel in eine Zeit, in der sich auch in vielen anderen Säugetiergroßgruppen die heutigen Formen entwickelt haben. Die typischen Stacheligel sind also wahrscheinlich nicht besonders alte Tiere im Vergleich zu anderen Säugetiergruppen. Wichtig zu bedenken ist hierbei jedoch, dass neue Fossilfunde und Analysen immer wieder neues Licht auf die Evolution und das Alter von Tiergruppen werfen und wir die Geschichte der Igel in Zukunft wahrscheinlich noch einige Male werden umschreiben müssen. Igel werden aber nicht nur bezüglich ihres erdgeschichtlichen Alters, sondern auch wegen ihres «primitiven» Körperbaus manchmal als «alte Tiere» bezeichnet. Auch dies stimmt jedoch nur bedingt. Obwohl sich die Gruppe der Igelverwandten viele ursprüngliche – also unspezialisierte – Körpermerkmale bewahrt hat (siehe Kapitel 3, «Ein wenig spezialisierter Körperbau»), weisen gerade die Stacheligel einige spezialisierte Merkmale auf. Dazu gehören z. B. das Stachelkleid und das Hautmuskelsystem, zwei Komponenten des hochspezialisierten Verteidigungsapparates der Stacheligel.

Von «Terrorigeln» und «Schuppenschwänzen» – die große Vielfalt der Igel im Laufe der Erdgeschichte

Trotz des wahrscheinlichen Ursprungs der Igel in der Neuen Welt kommen Igel heute nur noch in der Alten Welt vor. In den vergangenen Jahrmillionen gab es deutlich mehr unterschiedliche Igel und (vermutete) Igelverwandte als heute, mitunter auch ziemlich kuriose Formen, die heute aber ausgestorben sind. Der größte bekannte Igel-Verwandte war der Haarigel *Deinogalerix*. Frei übersetzt aus dem Altgriechischen bedeutet das etwa «fürchterlicher Igel» oder «Terrorigel». Diese bis vor etwa 5 Millionen Jahren im Obermiozän der heutigen Gargano-Halbinsel (Italien) lebenden, wahrscheinlich stachellosen Tiere konnten vermutlich bis zu 10 Kilogramm schwer werden. Zum Vergleich: Unsere einheimischen Igel wiegen bis zu 1,5 Kilogramm. Ein möglicher weiterer, ausgestorbener, entfernter Verwandter der heutigen Igel namens *Macrocranion tenerum* wurde in der Grube Messel in Deutschland gefunden und stammt aus dem Mitteleozän vor etwa 50 Millionen Jahren. Dieses insgesamt etwa 30 Zentimeter lange, bodenbewohnende und allesfressende Tier besaß eine schlanke und bewegliche Schnauze zum Aufspüren von Nahrung sowie lange und kräftige Hinterbeine. Sein spezialisierter Körperbau machte es *Macrocranion* vermutlich möglich, Fressfeinden mit flinken, vierfüßigen Sprüngen zu entkommen. Ein anderer Igelverwandter aus derselben Lokalität in Deutschland namens *Pholidocercus hassiacus* (*Pholidocercus* bedeutet so viel wie «Schuppenschwanz») war ebenfalls ein Allesfresser und von der Schnauzen- bis zur Schwanzspitze ungefähr 40 Zentimeter lang. Er besaß kräftige, nach hinten gerichtete Borsten, dachziegelartig übereinandergeschichtete Hautverknöcherungen am Schwanz und wahrscheinlich eine Hornplatte oder eine ledrige Schwiele auf der Stirn, welche vermutlich zum Graben eingesetzt wurde.

Lebendrekonstruktionen von urzeitlichen Igelverwandten aus der Grube Messel, Deutschland: *Macrocranion tenerum* (oben) und *Pholidocercus hassiacus* (unten).

Stacheln im Tierreich: Stacheln sind nicht gleich Stacheln

Neben Igeln gibt es auch eine Handvoll anderer Tiere, die Stacheln besitzen. Dazu gehören Ameisenigel (auch Schnabeligel oder Echidna genannt), Igeltenreks und verschiedene Nagetiere, z. B. Stachelschweine, Stachelratten, Baumstachler und Stachelmäuse. Diese Tiere sind – trotz der Stacheln – jedoch nicht näher miteinander oder mit den Igeln verwandt. «Eigentliche Igel» der Gruppe Erinaceidae sind laut neuestem Forschungsstand sogar näher verwandt mit den Walen und den Fledermäusen als mit den Igeltenreks (Verwandtschaft der Elefanten, Schliefer und Seekühe), den Ameisenigeln (Verwandtschaft der eierlegenden Säugetiere, wie auch das Schnabeltier) oder den Nagetieren. Zudem sind die Nagetiere, wie beispielsweise das Stachelschwein, sogar näher verwandt mit uns Menschen als mit dem Igel.

Die Stacheln dieser Tiere sind also ein klassisches Beispiel für *konvergente Evolution*, d. h., dass sich gewisse Merkmale durch ähnliche Anforderungen und Umweltbedingungen in unterschiedlichen Tiergruppen unabhängig voneinander in dieselbe Richtung entwickeln. Die konvergente Evolution führt zu ähnlichen Merkmalen, auch «Analogien» genannt, die aber sonst nichts miteinander zu tun haben. Weitere Beispiele für konvergente Evolution sind die Flügel von Fledermäusen, Vögeln und Flugsauriern oder die Schwimmhäute zwischen den Zehen von Fröschen, Enten und Schnabeltieren.

Verschiedene Verteidigungsstrategien – verschiedene Stacheln

Wie unterschiedlich die Stacheln von Igeln und den anderen Stachelträgern sind, zeigt sich erst bei näherer Betrachtung. Die Stacheln von Stachelschweinen sind unterschiedlich lang, nur relativ lose in der Haut verankert, oft mit kleinen Widerhaken versehen und brüchig. Die innere Struktur der Stacheln ist schwammartig. Die Stacheln von Igeln hingegen sind im Vergleich zur Körpergröße gleichmäßig kurz, fest in der Haut verankert, an der Oberfläche glatt sowie widerstandsfähig und elastisch gegenüber auf sie einwirkende Kräfte von außen (zum Beispiel bei Angriff oder Fall). Die innere Struktur der Stacheln ist ein komplex aufgebautes System aus durch Scheidewände getrennten Hohlräumen (siehe Kapitel 3, «Die Stacheln: der perfekte Schutz»). Aus diesen Eigenschaften und dem Verhalten der Tiere lässt sich also eine unterschiedliche Funktion der Stacheln bei Igeln und Stachelschweinen ableiten. Bei Igeln funktionieren die Stacheln als generell eher passiver Schutzmechanismus gegen Feinde, indem sie es dem Igel erlauben, sich zu einem nicht einfach zu attackierenden Stachelball einzurollen. Derselbe Mechanismus funktioniert auch als Schockabsorber, falls ein Igel irgendwo hinunterfällt (siehe Kapitel 3, «Die Stacheln: der perfekte Schutz»). Stachelschweine hingegen setzen ihre Stacheln zur aktiven Feindabwehr ein: Die relativ lose in der Haut der Stachelschweine befestigten Stacheln bleiben leicht im Körper der Angreifer stecken, brechen in deren Wunden ab und bleiben durch die Widerhaken stecken, sodass ein stärkerer Abwehreffekt entsteht und die Angreifer dadurch unter Umständen sogar getötet werden.

Die eher spärlich im Fell verteilten Stacheln der übrigen stacheligen Nagetiere dienen wohl eher als eine Art leichte Panzerung und als Regenschutz. Über die Stacheln der Ameisenigel ist nicht viel bekannt. Man nimmt jedoch an, dass auch ihre Stacheln einer passiven Feindabwehr dienen. Die innere Struktur ihrer Stacheln ist schwammartig und ähnlich derjenigen der Stachelschweine. Die Stacheln der Igeltenreks wiederum ähneln denen von Igeln und funktionieren wahrscheinlich auch ähnlich. Igeltenreks können sich sogar wie Igel einkugeln, verwenden dazu jedoch andere Muskeln. Manche Tenrek-Arten benutzen spezialisierte, Geräusche produzierende Stacheln sogar zur Kommunikation untereinander.

Verschiedene Säugetiere, die nicht nahe miteinander verwandt sind, haben im Laufe der Evolution unabhängig voneinander Stacheln entwickelt, ein Beispiel für konvergente Evolution. Dazu gehören Ameisenigel (oben), Igeltenreks (rechts oben) und verschiedene Nagetiere, wie z. B. Stachelschweine (rechts unten). Besonders der Igeltenrek ist den «Eigentlichen Igeln» sehr ähnlich. Die «Eigentlichen Igel» sind jedoch näher mit Walen, Fledermäusen und Menschen verwandt als mit den Igeltenreks.

2 Igel in Europa

In diesem Buch fokussieren wir uns auf den Braunbrustigel *(Erinaceus europaeus)*. Diese Art gehört, zusammen mit dem Nördlichen Weißbrustigel *(Erinaceus roumanicus)*, dem Südlichen Weißbrustigel *(Erinaceus concolor)* und dem Chinesischen Igel *(Erinaceus amurensis)* zur Gattung der Kleinohrigel *(Erinaceus)* (mehr zur Systematik im Kapitel 1, «Die Igel der Welt»). In Europa sind der Nördliche Weißbrustigel (ab hier kurz «Weißbrustigel» genannt, falls nicht explizit anders genannt) und der Braunbrustigel heimisch. In einem relativ kleinen Gebiet an der südlichen Küste Spaniens kommt außerdem der Algerische oder Nordafrikanische Igel *(Atelerix algirus)* vor, und das Verbreitungsgebiet des Eigentlichen Langohrigels *(Hemiechinus auritus)* erstreckt sich bis nach Zypern.

Der Braunbrustigel kommt in ganz West- und Mitteleuropa vor, inklusive der Iberischen Halbinsel. Er besiedelt außerdem Großbritannien und Irland sowie viele der schottischen Inseln und die Mittelmeerinseln Korsika, Sardinien und Sizilien. Die östliche Verbreitungsgrenze verläuft durch das östliche Österreich, Tschechien und entlang der Westgrenze Polens. Im Nordosten erstreckt sich das Verbreitungsgebiet der Braunbrustigel bis nach Finnland und Teilen Russlands bis nach Sibirien. In Skandinavien erstreckt sich die Verbreitung bis 65° nördlicher Breite. Zudem wurde der Braunbrustigel in Neuseeland und einigen Britischen Inseln (zum Beispiel Alderney, North Ronaldsay, North und South Uist) durch den Menschen eingeführt. Im 19. Jahrhundert wurde der Braunbrustigel mehrmals in Neuseeland eingeführt. Wahrscheinlich stammten die Tiere ursprünglich aus Großbritannien. Die Igel in Neuseeland breiteten sich schnell aus und erreichten Mitte des 20. Jahrhunderts ihren zahlenmäßigen Höhepunkt. Dabei wurden gar höhere Igeldichten nachgewiesen als in Europa, dem ursprünglichen Lebensraum dieser Igel. Mittlerweile ist bekannt, dass Igel (und auch andere eingeführte Arten, wie beispielsweise Ratten und Katzen) einen negativen Einfluss auf die lokale, gefährdete Fauna von Neuseeland haben. Die Igel fressen seltene Schnecken, Glattechsen und die Eier oder Nestlinge von bodenbrütenden Vogelarten. Die Situation ist gar so schlimm, dass Igel als «Pest» bezeichnet und von der neuseeländischen Naturschutzbehörde bekämpft werden.

Der Nördliche Weißbrustigel ist von Osteuropa und dem nördlichen Kaukasus bis nach Westsibirien verbreitet. Der Südliche Weißbrustigel kommt vor allem in Kleinasien vor und ist vom Nördlichen Weißbrustigel durch den Bosporus und die Kaukasusgebirgskette getrennt. Der Nördliche Weißbrustigel und der Braunbrustigel kommen in einer südlichen Überlappungszone, die durch Italien, Österreich, Tschechien und entlang der Grenze zwischen Polen

In Europa ist der Braunbrustigel (*Erinaceus europaeus*, oben) am weitesten verbreitet. Der Weißbrustigel (*Erinaceus roumanicus,* unten) ist von Osteuropa bis nach Westsibirien verbreitet. Äußerlich sind diese Arten schwierig zu unterscheiden.

und Deutschland verläuft, und in einer nördlichen Überlappungszone, die von West nach Ost durch Estland und das nördliche Lettland sowie durch Russland bis etwa nach Moskau verläuft, gemeinsam vor. In Österreich zieht sich die Überlappungszone der zwei Arten von Nordosten nach Südwesten, wobei der Weißbrustigel vor allem in den Bundesländern Niederösterreich, Wien, Burgenland, Steiermark und Kärnten vorkommt, während der Braunbrustigel eher in Vorarlberg, Tirol, Oberösterreich und in Teilen von Niederösterreich verbreitet ist. In Deutschland und der Schweiz sind keine aktuellen Weißbrustigel-Vorkommen nachgewiesen (vgl. Karte S. 35).

Welche Igelart ist das nun?

Die Körpergröße und das Gewicht des Weiß- und Braunbrustigels unterscheiden sich kaum. Es gibt bestimmte Schädel und Unterkiefermaße, die sich bei den beiden Arten voneinander unterscheiden. So ist beispielsweise die Schnauze des Weißbrustigels eher länger und schmaler als diejenige des Braunbrustigels. In den meisten Fällen verrät jedoch die Brustfärbung bereits die Art des Tieres. Obwohl diese sehr variabel sein kann, haben Weißbrustigel in fast allen Fällen einen weißen Fleck auf der Unterseite im Bereich der Kehle und der Brust. Braunbrustigel können im Bauch-/Brustbereich ebenfalls hell gefärbt sein, haben jedoch meist einen braunen Fleck im Bereich der Kehle. Die beiden Arten auseinanderzuhalten, wenn man die Tiere im Freien beobachtet, ist also sehr schwierig. Eine sichere Unterscheidung kann jedoch mittels genetischer Methoden erbracht werden.

Zwei Igelarten entstehen

Es wird vermutet, dass während der letzten Eiszeit (vor 100 000 bis 20 000 Jahren) die Igel in Europa an zwei Orten ausharrten, die eisfrei blieben. Zum einen waren dies die Iberische Halbinsel, Frankreich und Italien, zum anderen Südosteuropa. Nach dem Ende der Eiszeit, als es wieder wärmer wurde, besiedelten die Igel Europa von diesen beiden Refugien aus. Damals war der Meeresspiegel so tief, dass Großbritannien noch mit Kontinentaleuropa verbunden war und die Igel dorthin gelangen konnten. Durch die lange Trennung während der Eiszeit hatten sich die zwei Igelpopulationen in der Zwischenzeit zu separaten Arten entwickelt. Dies ist der Grund, weshalb Europa heute von zwei Igelarten bewohnt wird.

Der Algerische oder Nordafrikanische Igel (*Atelerix algirus*) kommt in Europa in einem kleinen Gebiet an der südlichen Küste Spaniens vor.

Wenn zwei so ähnliche Arten zusammen vorkommen, kann es zu einer Vermischung der Arten kommen. Dies kann z. B. dann der Fall sein, wenn deren Lebensraumansprüche, ihr Paarungsverhalten und ihre saisonalen Aktivitäten gleich sind. Genetische Studien deuten jedoch darauf hin, dass wenig bis gar keine Vermischung zwischen den beiden europäischen Igelarten stattfindet. Es wird vermutet, dass der Braunbrustigel eher an feuchtes, waldiges Gebiet angepasst ist und eher feuchte Talböden besiedelt, während der Weißbrustigel eher trockeneres, kontinentales Klima und deshalb höhergelegene, kargere und waldarme Gebiete bevorzugt. Es wird angenommen, dass sich das Verbreitungsgebiet des Weißbrustigels im Holozän (Zeitabschnitt der Erdgeschichte von vor etwa 11 000 Jahren bis heute) ständig vergrößert und damit eine Verdrängung des Braunbrustigels stattfinden könnte.

Dieses Buch befasst sich in erster Linie mit dem Braunbrustigel *(Erinaceus europaeus),* der einzigen Igelart in Deutschland und der Schweiz und dem westlichen Teil von Österreich. Diese Art ist gut erforscht und es ist über ihn weit mehr bekannt als über den Weißbrustigel.

Beobachtung eines Braunbrustigels aus Zürich. Der Braun- und Weißbrustigel sind äußerlich nur schwer voneinander zu unterscheiden. Wäre dies eine Beobachtung aus Wien, der östlichen Überlappungszone der beiden Arten, könnte man das Tier äußerlich nicht sicher bestimmen.

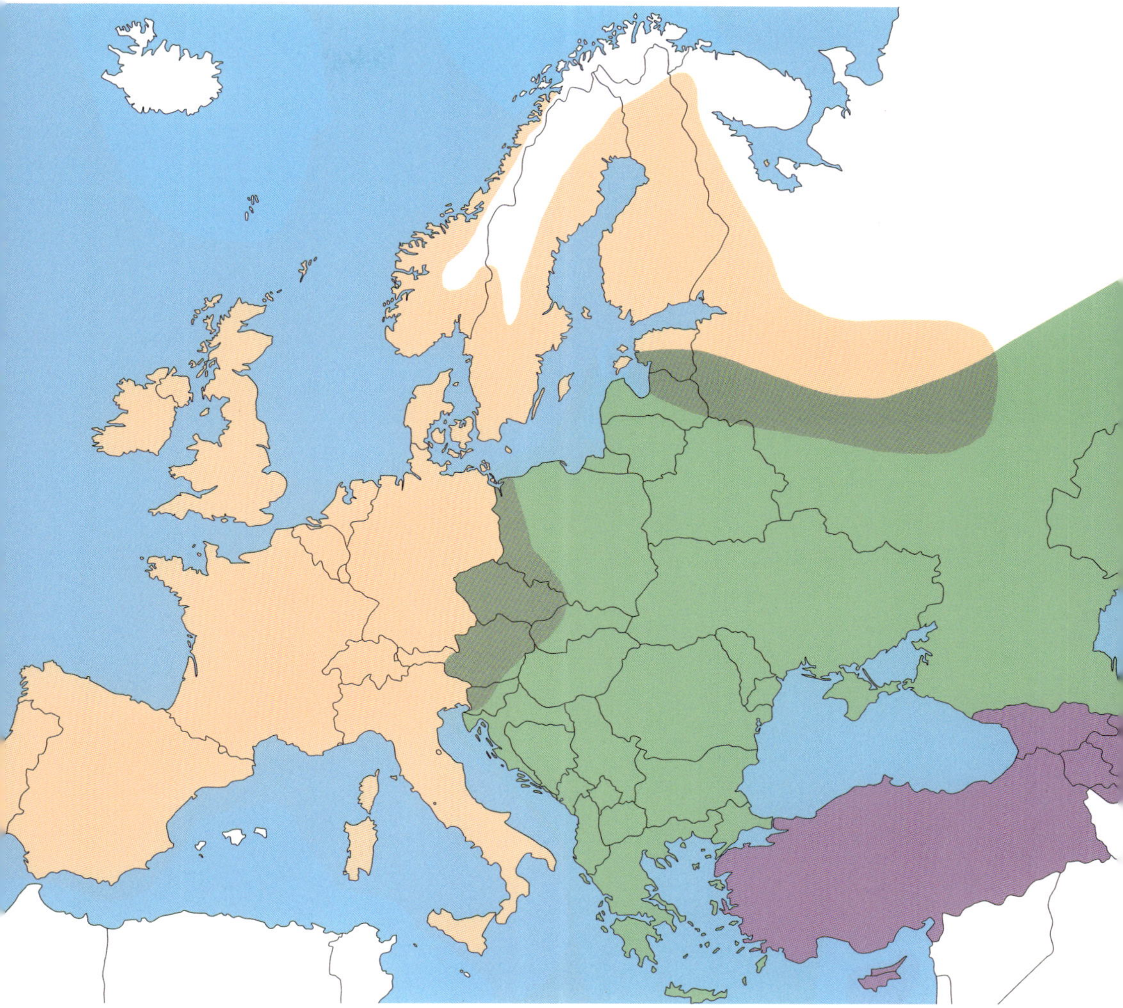

Verbreitung des Braunbrustigels (gelb), Südlichen Weißbrustigels (violett) und Nördlichen Weißbrustigels (grün) in Europa. Es gibt zwei größere Überlappungszonen zwischen dem Nördlichen Weißbrustigel und dem Braunbrustigel.

3 Biologie und Lebensweise der Igel

3.1 Der Igel von innen und von außen

Die Stacheln: der perfekte Schutz

Igel gehören zu den auffallendsten und charakteristischsten Tieren unserer Breiten. Jedes Kind weiß, wie ein Igel aussieht. Trotzdem gibt es über unseren stacheligen, wilden Nachbarn noch so einiges zu erfahren. Das unverwechselbare Markenzeichen der Igel ist natürlich ihr Stachelkleid. Typischerweise besitzen ausgewachsene Igel zwischen 5000 und 8700 Stacheln. Die Anzahl variiert mit dem Alter und der Größe der Igel (siehe weiter unten) und auch je nach Literaturquelle, wobei Angaben von mehr als 10 000 Stacheln eher unglaubwürdig sind. Die Stacheln ausgewachsener Igel sind rund 2–3 Zentimeter lang und bedecken den oberen Teil des Kopfes, den gesamten Rücken und die Seiten des Tieres. Bauch, Beine und Gesicht haben keine Stacheln – das wäre beim Zusammenrollen auch nicht gerade angenehm. Die Färbung der Stacheln ist normalerweise creme-weiß und schokoladenbraun bis schwarz, mit einer Schattierungsabfolge von der Basis bis zur Spitze: dunkel–hell–dunkel–hell–dunkel, ähnlich wie bei einem Mikado-Stäbchen, wobei Breite und Farbintensität der Zonen variieren. Zwischen den Stacheln wachsen keine Haare. Dies hat einen großen Einfluss auf die Körpertemperaturregulation der Igel (siehe Kapitel 3, «Der Winter wird verschlafen»).

Die Stacheln des Igels sind umgewandelte Haare, bestehen also aus Keratin («Horn»). Keratin ist ein steifes, jedoch flexibles Material, das auch in Fingernägeln und Krallen zu finden ist. Die Stacheln sind außerdem hohl und dadurch leicht, aber dank innerer, mikroskopisch kleiner Längsstreben und Scheidewänden trotzdem stabil und bruchresistent. Jeder einzelne Stachel ist über eine pilzförmige, kugelige Basis in der Haut verankert. Dieser «Kopf» verhindert auch, dass sich der Igel bei einem Stoß oder Fall mit den eigenen Stacheln selber aufspießt. Etwas oberhalb der Basis, am «Hals», sind die Stacheln jeweils leicht gebogen und wirken so bei einem Sturz wie Stoßdämpfer.

In Sekunden zu einer Stachelkugel

Igel besitzen ein spezialisiertes Hautmuskelsystem. Dabei handelt es sich um Muskeln, welche für die Bewegung der Haut – nicht des Skelettes – verantwortlich sind. Diese Hautmuskeln erlauben es den Igeln, die Stacheln aufzustellen und sich einzurollen. Fühlt sich ein Igel bedroht, wird zunächst jeder einzelne Stachel mit daran ansetzenden Muskeln aufgestellt. Dies ist dasselbe System, das uns Menschen «Gänsehaut» beschert. Die sonst glatt anliegenden Stacheln der Igel stehen so in alle Richtungen ab, ähnlich wie bei Stacheldraht. Wird die Gefahr akuter, zieht sich ein Muskel über der Stirn zusammen. Es handelt sich dabei um denselben Muskel, den wir benutzen, wenn wir die Stirn in Zornesfalten legen und einen bösen Blick aufsetzen. Dadurch wird das Stachelkleid zur Schnauze hingezogen, um das

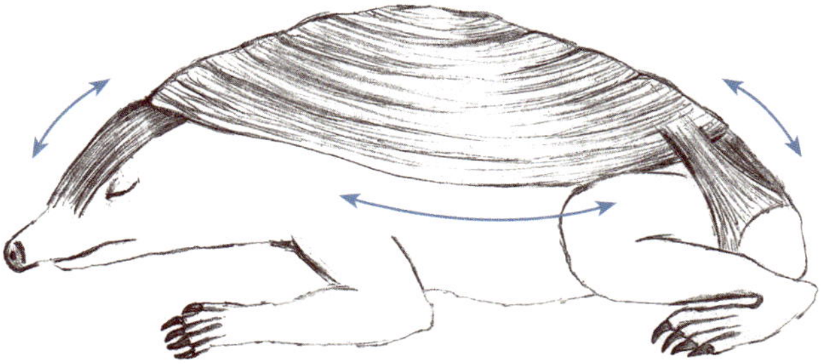

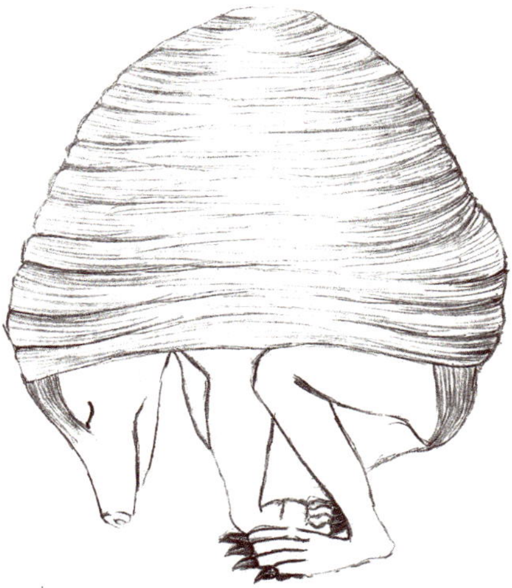

Oben: Schematische Darstellung der wichtigsten Hautmuskeln der Igel, die das Einkugeln möglich machen. Pfeile zeigen die ungefähre Kontraktionsrichtung der Muskeln an. Nach Reeve 1997 und Morris 2018.

Rechts: Bei den Igelstacheln ist die Schattierungsabfolge gut sichtbar. Typisch ist der leichte Knick sowie die kugelige Basis (unten am Stachel), welche den Stachel in der Haut verankert.

Ganz rechts: Stellt der Igel seine Stacheln auf, stehen sie kreuz und quer durcheinander und bilden so eine gute Abwehr. Da zwischen den Stacheln kein Fell wächst, kann man so auch gut die Haut sehen.

Oben: Bei sich nähernder Gefahr stellt der Igel mithilfe spezialisierter Hautmuskeln zuerst die Stacheln am ganzen Körper auf und zieht die stachelige Rückenhaut tief ins Gesicht und über das Hinterteil. So ist er geschützt, kann die Situation aber weiterhin beobachten.

Rechts: Nur bei direktem Körperkontakt kugeln sich Igel vollständig ein. Kein anderes bestacheltes Säugetier beherrscht diese Verteidigungstechnik so gut wie die Igel.

Gesicht zu schützen, wobei gleichzeitig freie Sicht auf die Gefahr gewährleistet bleibt. Außerdem wird die stachelbewehrte Haut mithilfe von am Hinterende ansetzenden Muskeln über Füße und Schwanz gezogen. Der Igel verbleibt normalerweise in dieser Stellung, bis sich die Gefahr verzogen hat, oder er nutzt eine Gelegenheit zur Flucht. Neben dieser eher passiven Abwehrreaktion können Igel in solchen Gefahrensituationen auch leicht aufhüpfen und so einem zu neugierigen Fuchs oder Hund empfindlich in die Nase stechen.

Nur bei tatsächlichem Körperkontakt mit einem «Feind», beispielsweise, wenn der Igel aufgehoben oder umgeschubst wird und so die ungeschützte Unterseite des Igels bloßgelegt würde, rollt sich der Igel vollständig ein. Der oben beschriebene Mechanismus vollzieht sich sehr schnell, wobei gleichzeitig der Kopf eingezogen wird. Wie oben beschrieben wird die stachelige Haut beim Einkugeln über Kopf und Körper gezogen, jedoch noch weiter, sodass alle Körperteile des Igels von der Haut eingepackt werden. Diese extreme Verschiebbarkeit der Haut ist damit zu erklären, dass die Hautmuskulatur fest mit der bestachelten Rückenhaut, aber nur lose mit dem darunterliegenden Körper verwachsen ist. Der Rückenhautmuskel ist bei Igeln sehr kräftig ausgebildet und geht seitlich in einen spezialisierten Muskelring über, der den gesamten Rumpf umgibt und ungefähr 2–3 Zentimeter breit ist. Der entstandene «Stachelbeutel» wird mit diesem ringförmigen Muskel schließlich zugezogen und ähnlich dem Schließmechanismus eines Turnbeutels verschlossen. Dieser Verschluss ist so dicht, dass sich die Stacheln des Kopfes und der Flanken berühren und nur noch eine etwa fingerdicke Öffnung bleibt. Zusammen mit den aufgestellten Stacheln wird der Igel so zu einem regelrechten Nadelball. Ein Igel kann, wenn nötig, während Stunden in dieser Position verharren. Dieser komplexe Mechanismus aus Stacheln aufstellen und «Einigeln» ist in einer derart spezialisierten Ausprägung bei keinem anderen bestachelten Säugetier anzutreffen und stellt eine wirkungsvolle Verteidigung gegen die meisten Fressfeinde dar. Sie hält jedoch nicht alle Fressfeinde ab. So können der Dachs und der Uhu mit ihren langen und starken Klauen die Verteidigung der Igel durchdringen (siehe Kapitel 3, «Wildtiere, die Igel fressen»).

Auch gegen Autos und Fadenmäher vermag die Verteidigungsstrategie der Igel nicht zu wirken (siehe Kapitel 4, «Fallen und Gefahren für Igel erkennen und beheben»).

Das sprichwörtliche «Einigeln» ist allerdings nicht nur für die Feindabwehr nützlich, sondern dient auch als Stoßdämpfer-Mechanismus bei Stürzen oder Sprüngen. Da die Kraft des Aufpralls auf die vielen Stacheln verteilt wird, verringert sich die Kraft pro Stachel und so die Verletzungsgefahr für den Igel. Die spezielle Anatomie der Stacheln mit ihrer leicht gebogenen Basis und dem «Kopf» vermindern die Verletzungsgefahr zusätzlich. Es wird sogar vermutet, dass Igel wegen dieser schockabsorbierenden Mechanismen nur wenig Höhenangst verspüren und sich sogar absichtlich aus kleineren Höhen, z. B. an einem Steilhang, fallen lassen, um eine viel aufwendigere Kletteraktion zu vermeiden. Es ist jedoch nicht klar, wie häufig dieses Verhalten wirklich auftritt.

Eine stachelige Geburt?

Während der Jugendzeit wird das Stachelkleid in drei Generationen gewechselt. Diese Stachelgenerationen überlappen sich jedoch, weshalb nie alle Stacheln gleichzeitig ausgewechselt werden. Die jungen Igel werden mit einer ersten Generation weißer Stacheln geboren. Diese sind bei der Geburt jedoch noch in der Haut verborgen, welche durch eingelagerte Flüssigkeit stark aufgedunsen ist, um den Geburtskanal der Mutter zu schützen. Kurz nach der Geburt beginnen die Stacheln dann durch die sich zurückziehende Haut hervorzutreten. Die neugeborenen Igel besitzen so etwa 110 rein weiße Stacheln von rund 1 Zentimeter Länge. Diese erste Stachel-Generation beginnt nach 6–7 Wochen auszufallen. Die pigmentierte zweite Stachel-Generation, die nach ungefähr 2–5 Tagen zu wachsen beginnt, hat die erste Generation, nach 2–3 Wochen vollständig überdeckt. Diese Stacheln, rund 1000 an der Zahl und 10–12 Millimeter lang, sind im Grunde eine kleinere Version der Erwachsenenstacheln. Die dritte Generation, die Erwachsenen-Stacheln, beginnen nach rund 6 Wochen – ungefähr zeitgleich mit dem Erreichen der Unabhängigkeit von der Mutter – die zweite Generation nach und nach zu ersetzen. Zu diesem Zeitpunkt besitzen die Igel rund 3000–3500 Stacheln. Die Erwachsenen-Stacheln sind langlebiger als die Stacheln der früheren Generationen und bleiben bis zu 18 Monate in Funktion. Sie werden ähnlich unseren Haaren individuell ersetzt. Die Igel ersetzen ihr Stachelkleid also nicht in Schüben, wie beim Austausch von Winter- und Sommerfell des restlichen Körpers. Ein schubweises Austauschen der Stacheln hätte zur Folge, dass die Igel während einer gewissen Zeit vollkommen wehrlos den Fressfeinden ausgesetzt wären. Neben den unbestreitbaren Vorteilen, welche das Stachelkleid bietet, ergeben sie durchaus auch Nachteile und Herausforderungen bezüglich der Fortpflanzung (siehe Kapitel 3, «Frühlingsgefühle bei den Igeln»).

Die ganz weißen Stacheln neugeborener Igel liegen kurz nach der Geburt noch unter der aufgedunsenen Haut (Igelchen rechts oben im oberen Bild). Kurz nach der Geburt treten diese Stacheln zutage (alle anderen Igel auf beiden Bildern).

Ein wenig spezialisierter Körperbau

Der hochspezialisierte Verteidigungsapparat der Igel mit den Stacheln und den Muskeln für das Einkugeln steht im Gegensatz zu ihrem restlichen Körperbau, der relativ wenig spezialisiert ist. Igel sind rund 20–30 Zentimeter lang. Die Gewichtsspanne ist sehr breit und kann je nach geografischer Lage, Alter und Jahreszeit stark variieren. Einjährige Igel sind rund 450–680 Gramm schwer, ältere Tiere sind meistens schwerer. Direkt nach dem Winterschlaf, wenn alle Fettreserven aufgebraucht sind, können erwachsene Tiere auf bis zu 350 Gramm abgemagert sein. Im Herbst, vor Beginn des Winterschlafes, erreichen Igel dann aber bis zu 800–1500 Gramm. Dabei sind Igel des europäischen Festlandes tendenziell schwerer als z. B. britische Igel und erreichen regelmäßig mehr als 1000 Gramm Körpergewicht.

Farblich variieren Igel von braungelb bis grau, wobei die Bauchseite meistens etwas heller ist als der Rest des Körpers. Meistens besitzen die Tiere eine dunkle Maske über Schnauze und Gesicht. Wo keine Stacheln vorhanden sind, also im Gesicht, an der Unterseite und an den Gliedmaßen, ist der Körper mit Haaren bedeckt. Die Haare sind überwiegend dunkelbraun und relativ spärlich und steif. Besonders viele und lange Haare finden sich am Übergang zwischen dem Haar- und dem Stachelkleid an den Flanken.

Oben: Eine Woche altes Igelchen mit einem Mix aus weißen Stacheln der ersten Generation und dunklen Stacheln der zweiten Generation, aber noch ohne Fell.

Rechts: Bewegt sich ein Igel ungestört oder im Eiltempo vorwärts, kann man gut seine eigentlich langen Beine und den Schwanz sehen, die sonst von den Haaren und der Haut verdeckt sind.

Hauptsache

Wildtiere entdecken und schützen

Der Igelkörper wirkt gesamthaft etwas plump. Das liegt wahrscheinlich an der vielen Haut, die beim Zusammenrollen gebraucht wird, um das gesamte Tier zu «verpacken», die beim entspannten Tier aber etwas seitlich hinunterhängt und zusammen mit dem besonders dichten Haarkleid an den Seiten der Tiere die Beine verdeckt. Dies kann darüber hinwegtäuschen, dass die Gliedmaßen der Igel eigentlich ziemlich lang und grazil sind – ungefähr 10 Zentimeter von den Hüften bis zu den Zehen. So sind diese Tiere neben einer eher kriechend und geduckt anmutenden Fortbewegungsweise bei der Nahrungssuche dann auch zu einem raschen Trab fähig. Läuft der Igel schneller, kommen die recht langen Beine zum Vorschein. Igel erreichen eine durchschnittliche Geschwindigkeit von ungefähr 2 Kilometern pro Stunde, mit Spitzengeschwindigkeiten von angeblich bis zu 7–9 Kilometern pro Stunde, eine Geschwindigkeit, bei der Menschen bereits in ein Joggen verfallen würden.

Obwohl sich Igel normalerweise auf dem Erdboden aufhalten, können sie auch Hindernisse überwinden und ziemlich gut schwimmen (allerdings nicht sehr lange, siehe Kapitel 3 «Können Igel schwimmen?»). Alle vier Pfoten tragen fünf Zehen, die mit kräftigen, jedoch stumpfen Krallen ausgestattet sind. Igel sind Sohlengänger, was bedeutet, dass jeweils der gesamte Fuß inklusive Ferse am Boden abgesetzt wird. Dies ist ähnlich wie beim Menschen, aber anders als beispielsweise bei Hunden und Katzen, die nur die Zehen am Boden aufsetzen (Zehengänger), oder Pferden, die nur die Zehenspitze am Boden aufsetzen (Zehenspitzengänger). Die Pfotenabdrücke der Igel, beispielsweise auf feuchter Erde, sind ziemlich charakteristisch und können entfernt an kleine menschliche Handabdrücke erinnern (siehe Kapitel 4, «Den Igeln mit Spurentunnel auf der Spur»). Die Ballen an den Fußsohlen sind dabei gut sichtbar. Zwischen diesen Ballen und auch um den Anus befinden sich Drüsen, die wahrscheinlich Duftstoffe absondern. Die etwas verlängerten Hinterfüße – die so einen

besseren Antrieb beim Rennen ermöglichen – können dabei klar vom kürzeren und breiteren Vorderfuß unterschieden werden. Die Vorderbeine, die zum Graben und Nestbau eingesetzt werden, sind kräftiger als die Hinterbeine. Der Schwanz des Igels wird rund 2–3 Zentimeter lang und ist unter Stacheln, Fell und Haut meistens nicht gut zu sehen.

Die Augen der Igel sind für einen Vertreter der Insektenfresser relativ groß. Man vergleiche z. B. den Igel mit einer Spitzmaus. Die runden Ohren sind relativ kurz und breit. Die spitze Schnauze ist sehr beweglich, ähnlich einem Rüssel. Das Gehirn der Igel ist, und das ist typisch für Insektenfresser, im Verhältnis zum Körpergewicht eher klein, verglichen mit anderen Säugetieren. Außerdem weist das Gehirn keine Furchungen auf, um die Oberfläche zu vergrößern. Auch dieses Merkmal steht im Gegensatz zu den Gehirnen vieler anderer Säugetiere.

Igel haben im Vergleich zu anderen Insektenfressern eher große Augen. Die Ohren sind relativ kurz und breit und die spitze Schnauze ist sehr beweglich.

Den Igeln auf den Zahn gefühlt

Igel haben ein für Insektenfresser typisches Gebiss mit 36 Zähnen, wobei oft einzelne Zähne fehlen. Zum Vergleich: Menschen haben insgesamt 32 Zähne. Die Form der Zähne der Igel ist relativ unspezialisiert und deutet deshalb auf eine vielseitige Ernährung hin. Die Tiere besitzen üblicherweise in jeder Oberkieferhälfte drei und in jeder Unterkieferhälfte zwei stäbchenförmige und nach vorne gerichtete Schneidezähne, welche ähnlich einer Pinzette beim Beutefang eingesetzt werden. Die beiden Schneidezähne gleich links und rechts der Mitte im Oberkiefer, bilden dabei eine weite Zahnlücke. Der Biss eines Igels – für einen Menschen ein sehr seltenes Ereignis – ist deshalb nicht besonders schmerzhaft und kann auch nicht die Haut verletzen. Dies steht im starken Kontrast zum Biss eines Nagetieres, beispielsweise einer

Die ersten (mittleren) Schneidezähne im Oberkiefer der Igel stehen weit auseinander und ähneln auf den ersten Blick Eckzähnen.

Maus, welcher sehr tiefe Wunden hinterlassen kann, obwohl das Tier selber viel kleiner ist als ein Igel. Hinter den Schneidezähnen folgen die Eckzähne: Je einer in jeder Hälfte des Unter- und Oberkiefers. Diese sehen ähnlich aus wie die Schneidezähne und sind auch wie diese nach vorne gerichtet. Hinter den Eckzähnen folgen in jeder Oberkieferhälfte drei und in jeder Unterkieferhälfte zwei vorwiegend kleine, spitze vordere Backenzähne (Prämolaren) und drei große, vorwiegend breite Backenzähne (Molare) mit spitzen Höckern, welche effektive Mahlwerkzeuge sind, um Insektenpanzer und Ähnliches zu knacken.

Einfacher Darm, unspezialisiertes Skelett, aber spezialisierte Fetteinlagerung

Der Darm des Igels ist, wie für Insektenfresser typisch, relativ kurz und wenig spezialisiert. Der Blinddarm fehlt sogar ganz. Dieses relativ einfache Verdauungssystem widerspiegelt die vorwiegend tierische Nahrung der Igel (siehe Kapitel 3, «Was fressen Igel?») und ist einer der Gründe, weshalb Igel keine pflanzliche Nahrung verdauen können. Bis zum Anfang des Winters haben sich Igel normalerweise einen großen Fettvorrat angefressen, welcher während des Winterschlafes Energie liefert. Dieses sogenannte «weiße» Fett wird unter der Haut und im Bauchraum abgelagert. Igel, wie viele andere kleine Säugetiere, besitzen außerdem sogenanntes «braunes» Fett im Brust- und Halsbereich sowie entlang der Wirbelsäule. Es dient vor allem der Wärmeproduktion und ist maßgeblich daran beteiligt, den Stoffwechsel nach dem Winterschlaf wieder anzukurbeln (siehe Kapitel 3, «Der Winter wird verschlafen»).

Wenig spezialisiert sind auch das Skelett und der Schädel der Igel und es gibt keine offensichtlichen Anpassungen an das Einrollen. Die Rippen sind breit und Schien- und Wadenbein sind zu den Füßen hin miteinander verwachsen. Der relativ massive Schädel besitzt im Gegensatz zu den meisten anderen Insektenfressern einen vollständigen Jochbeinbogen (Wangenknochen).

Männchen oder Weibchen?

Alle hier beschriebenen Merkmale sind bei Männchen und Weibchen ähnlich ausgeprägt und die Geschlechter lassen sich, abgesehen von den Geschlechtsteilen selbst, fast nicht voneinander unterscheiden. Die Geschlechtsteile bekommt man jedoch nur sehr selten zu Gesicht. Dazu müsste man den Igel nämlich in einem nicht eingerollten Zustand von unten sehen. Auf der Bauchseite sieht man bei den Männchen die Penisöffnung an der Stelle, wo man den Bauchnabel vermuten würde. Beim Weibchen liegt die Vulva direkt oberhalb des Anus.

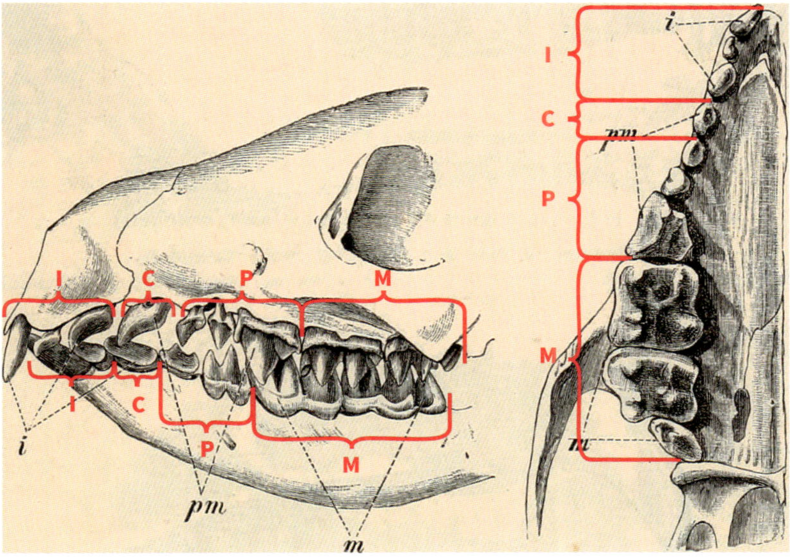

Oben: Igelschädel mit Zähnen im Ober- und im Unterkiefer von der Seite (oben links) und im Oberkiefer von unten (oben rechts). Abgewandelt nach Wiedersheim und Parker (1886).

I = Schneidezähne (Incisivi)

C = Eckzahn (Caninus)

P = Vordere Backenzähne (Prämolare)

M= Hintere Backenzähne (Molare)

Die abweichende Bezeichnung der Zähne im Vergleich zur Originalabbildung widerspiegelt den Fortschrift der Forschung auf diesem Gebiet.

Unten: Das Skelett des Igels ist relativ unspezialisiert.

Auch bei Igeln gibt es Blondinen

Alle in diesem Kapitel beschriebenen Merkmale sind nur die Norm, vereinzelt können z. B. auch abweichende Färbungen vorkommen. Es kann beispielsweise vorkommen, dass gewisse Stacheln oder Stellen im Fell ganz weiß sind. Es kann auch sein, dass bei gewissen Igeln alle Stacheln und Haare heller gefärbt sind, als es für Igel typisch ist. Solche Igel nennt man «leuzistisch» oder auch «blond». Im Gegensatz zu Albinos, welche auch manchmal beobachtet werden können und welche gar keine Pigmente produzieren und deshalb zusätzlich zur hellen Haut und den hellen Haaren auch noch rote Augen haben, besitzen leuzistische Tiere keine Farbstoff bildenden Zellen in der Haut. Die Augen sind davon jedoch nicht betroffen und meistens zwar heller als normal, aber nicht rot. Leuzismus tritt besonders häufig bei einigen Insel-Populationen auf, beispielsweise auf der Insel Alderney im Ärmelkanal. Igel kamen auf dieser Insel ursprünglich natürlicherweise nicht vor, sondern wurden von Menschen eingeführt. Unter diesen eingeführten Igeln war wahrscheinlich einer, welcher ein Gen für die leuzistische Färbung besessen hat und diese dann durch Inzucht in der entstehenden, noch kleinen Population auf der Insel stark verbreitet hat. Ganz schwarze Tiere, sogenannte «Schwärzlinge», wie sie bei vielen anderen Wildtieren manchmal beobachtet werden können, wurden bei Igeln jedoch noch nie nachgewiesen. Bei Krankheit oder Stress kann es vorkommen, dass einem Igel alle Stacheln ausfallen. Auch erblich bedingte Faktoren können zu einer vollkommenen Stachellosigkeit führen. Solche Tiere haben in der Natur jedoch geringe Überlebenschancen und würden wahrscheinlich innerhalb kürzester Zeit Räubern zum Opfer fallen.

Männchen und Weibchen lassen sich bei Igeln von außen nicht gut unterscheiden. Auf den Rücken gedreht zeigt sich jedoch ein wichtiger Unterschied: Beim Männchen (links) ist in der Bauchmitte die Öffnung des Penis sichtbar, welche leicht mit dem Bauchnabel verwechselt werden kann. Die Testikel befinden sich innerhalb der Bauchhöhle und sind deshalb von außen nicht sichtbar. Beim Weibchen (rechts) befindet sich die Vulva direkt oberhalb des Anus.

Blonde und Albinoigel: Manchmal können auch hellere (blonde) Igel (oben) oder Albinos mit roten Augen (unten) vorkommen.

Igel: Nasen- und Ohrentiere

Anders als bei Menschen spielt der Sehsinn bei Igeln eine eher untergeordnete Rolle und das Farbensehen ist ihnen wahrscheinlich nur eingeschränkt möglich. Das ist typisch für nachtaktive Tiere. Die für viele, besonders für nachtaktive Säugetiere typischen Tasthaare sind bei Igeln jedoch ebenfalls eher spärlich vorhanden. Im Gegensatz dazu sind der Geruchs- und der Gehörsinn bei Igeln besonders gut ausgeprägt. Das geht sogar so weit, dass auch blinde Igel nicht stark eingeschränkt sind, einmal abgesehen davon, dass solche Tiere vielleicht etwas öfter in Hindernisse hineinlaufen.

Igel schnüffeln ständig, was sich bei einer Begegnung mit einem Igel jeweils kaum überhören lässt. Über den Geruchssinn können Igel so Beute, Feinde und Artgenossen – auch die eigenen Jungen – schon aus relativ großer Distanz wahrnehmen. Igel können beispielsweise Hunde aus bis zu 11 Metern Entfernung über den Geruch erschnüffeln. Die große Zahl an Duftdrüsen unter der Igelhaut, mit welchen die Tiere eigene Duftmarken absetzen können, deutet auf die Wichtigkeit des Geruchssinnes für die innerartliche Kommunikation hin, z. B. für die Übertragung fortpflanzungsrelevanter Informationen, obwohl das noch sehr wenig erforscht und deshalb unklar ist. Im Gegensatz zu anderen Säugetieren markieren Igel ihren Lebensraum nicht mit Urin oder Kot, weil sie nicht territorial sind. Der Geschmackssinn der Igel ist ebenfalls sehr gut ausgeprägt, was verwundern mag, da die Tiere gerne auch Tausendfüßer verspeisen, die für uns Menschen übelriechende Säfte ausstoßen können, wenn sie sich in Gefahr wähnen.

Die eher kleinen Ohren der Igel, die kaum aus dem Haarkleid herausschauen, täuschen über den überaus gut ausgeprägten Gehörsinn dieser Tiere hinweg. Der Bereich, in dem Igel Töne wahrnehmen können, ist wahrscheinlich sehr viel breiter als beim Menschen und reicht bis in den Ultraschallbereich. Letzteres ist wahrscheinlich für das Aufspüren von Insekten hilfreich, welche durch ihr Treiben auf und unter der Erde hohe Töne verursachen. So können Igel beispielsweise die Kratzgeräusche eines Käfers aus 5 Metern Entfernung wahrnehmen. Inwieweit die Kommunikation mit Lauten unter Igeln eine Rolle spielt, ist jedoch nicht klar. Normalerweise verhalten sich Igel still, einmal abgesehen vom Schnüffeln während der Nahrungssuche, dem lauten Schmatzen beim Fressen und dem Schnauben während des Paarungsrituals (siehe Kapitel 3, «Frühlingsgefühle bei den Igeln»). Das Spektrum der sonstigen Lautäußerungen reicht von Zirp- und Pfeifgeräuschen bei Jungtieren, über Keckern, Zwitschern, Fauchen, Knurren und Schnauben z. B. während der Paarung, bis hin zu lautem

Obwohl die Ohrmuscheln der Igel eher klein und manchmal zwischen den Stacheln kaum sichtbar sind, ist das Gehör der Igel ausgezeichnet.

Schreien. Letzteres erinnert anscheinend an das Quieken eines Schweines und kommt nur selten vor, dient aber vielleicht der Feindabwehr.

Viele Igel husten ab und zu. Das hat damit zu tun, dass 80 % der Igel mit Lungenwürmern infiziert sind. Ein gesunder Igel kann mit den Lungenwürmern leben (siehe Kapitel 3, «Endoparasiten – Parasiten der inneren Organe»). Darüber hinaus haben Igel einen hervorragenden Orientierungssinn und scheinen eine detaillierte Karte ihres gewohnten Lebensraumes im Langzeitgedächtnis gespeichert zu haben. Die Navigation im Gelände funktioniert wahrscheinlich über Gerüche und Geräusche, aber auch über visuelle Merkmale der Umgebung. Aus diesem Grund sollte man in Gefangenschaft aufgepäppelte Tiere wenn immer möglich an dem Ort freilassen, an dem sie gefunden wurden und auch nicht an Orte verpflanzen, die für den Igel «geeigneter» erscheinen (siehe «Input Igelzentrum»).

Der Sehsinn spielt bei den Igeln eine eher untergeordnete Rolle. Dafür sind Geruchs- und Gehörsinn umso besser ausgeprägt. Die Igel schnüffeln auf der Suche nach Nahrung ständig ihre Umgebung ab.

3.2 Die Lebensweise der Igel

Eine Nacht im Leben eines Igels

Wir möchten Sie dazu einladen, einen Igel während einer Nacht zu begleiten. Der Igel, dem wir folgen, ist ein Männchen im Alter von 2 Jahren und diese Nacht soll einen Einblick in die Aktivitäten des Igels in der Stadt Zürich im Monat Mai geben.

Um 22 Uhr wacht der Igel in seinem Tagesschlafplatz auf. Er hustet einige Male, da ihn seit einiger Zeit Lungenwürmer plagen. Er dreht und wendet sich, wird nur langsam munter, und macht sich dann auf, schlüpft aus dem Nest. Er hat die letzten drei Nächte bereits hier verbracht und wird sich heute Abend vielleicht an einem anderen Schlafplatz niederlassen. Es ist Paarungszeit und er hofft, diese Nacht ein paar jener Weibchen anzutreffen, deren Bewegungsradius in seinem Streifgebiet liegen. Zuerst will aber sein Hunger gestillt werden. Daher macht er sich auf und sucht auf der nächstgünstigen Wiesenfläche nach Futter. Fortbewegung und Nahrungssuche können bei Igeln oft nicht so genau unterschieden werden, da sie sich auf der Suche nach Insekten dauernd bewegen. Die Wege des Igels sind dabei selten direkt, sondern mäandrierend. Alle interessanten Dinge unterwegs werden erkundet. Unser Igelmännchen streift über die offenen Wiesenflächen der Wohnsiedlung, schnappt sich hier einen Laufkäfer und da ein paar Regenwürmer, bevor er weiterläuft. Dabei bleibt er stets in der Nähe von Versteckmöglichkeiten, für den Fall, dass etwas Gefährliches auftaucht. Wenig später laufen ein paar jugendliche Menschen in der Nähe vorbei, zur Sicherheit versteckt sich der Igel hinter einem Blumentopf, der auf einer Veranda steht.

Dann plötzlich, vor dem nächsten Wohnblock, riecht unser Igel ein Weibchen und nähert sich diesem schnurstracks im Laufschritt. Es gilt keine Zeit zu verlieren. Er umkreist das Weibchen und versucht dieses von seinen Qualitäten zu überzeugen, doch das Weibchen schubst ihn immer wieder weg und schnaubt dabei unentwegt. Nach einer Dreiviertelstunde hängt das Weibchen ihn ab und er zieht alleine weiter.

Um die ertragreiche Wiese beim nächsten Schulhaus zu erreichen, muss unser Igel die erste größere Straße auf seiner nächtlichen Reise überqueren. Er kennt die Strecke gut und ist sehr vorsichtig bei den Straßenüberquerungen. Es kommt kein Auto, also huscht er rasch hinüber. Über den Randstein, dann noch etwas am Zaun entlang und dort erscheint auch schon die fehlende Zaunlatte, die unserem Igel einen bekannten Durchgang ermöglicht. Er zwängt sich hinein und bewegt sich langsam über die Wiese, während immer mal wieder schmatzende oder knirschende Laute aus seinem Maul zu vernehmen sind, wenn er gerade ein Schneckenhäuschen oder einen Käfer erwischt hat.

Weiter geht's zu dem Garten auf der rechten Seite. Eine Frau stellt dort jeweils Futter für die Nachbarskatzen auf die Bodenplatten, und wenn davon noch etwas übrig ist, bedient sich auch unser Igel gerne davon. Während des Fressens zuckt er plötzlich zusammen, ein

Geräusch in der Nähe, das plötzliche Einschalten des Bewegungsmelders und das damit grell erstrahlende Licht einer Lampe haben ihn erschreckt. Er stellt seine Stacheln auf. Nach kurzer Zeit zeigt sich die Nachbarskatze im Gebüsch. Da es sich nicht um einen Dachs handelt, entspannt sich unser Igel jedoch bald wieder.

Nachdem er sich den Bauch mit Katzenfutter vollgeschlagen hat, geht es weiter auf der Suche nach den Weibchen. Vielleicht ist er auf der anderen Seite der nächsten Straße erfolgreicher. Er nähert sich vorsichtig diesem Hindernis, möchte gerade darübersprinten, als er das sich nähernde Auto bemerkt. Er verharrt kurz, um zu hören, was da auf ihn zukommt, und macht dann eine Kehrtwende. Er läuft auf dem Gehsteig der Straße entlang. Nach 50 Metern entscheidet er sich, die Straßenüberquerung erneut in Angriff zu nehmen. Die Luft scheint rein und er spurtet los. Solche breiten Straßen überquert er auf dem kürzesten Weg. Doch er hat noch nicht die Mitte erreicht, als erneut ein Auto heranrollt. Kurzerhand entscheidet er sich wieder umzukehren. Diese Straße wird er heute Nacht nicht mehr zu überqueren versuchen.

Beim nächsten Durchlass biegt er in den nächsten Garten ein. Dieser beherbergt einen großen, offenen Komposthaufen. Um diesen herum sucht der Igel gerne nach etwas Essbarem, denn im Kompost wimmelt es nur so vor Insekten, Würmern und Schnecken. Im hinteren Teil des Gartens hat jemand einen Backstein unter die kleine Mauer gestellt, sodass er diese ohne Probleme überwinden kann, um in den nächsten Garten zu kommen. Nachdem er zwei kleine Quartierstraßen überquert hat, trifft er nun in einem Vorgarten ein weiteres Weibchen an. Er gibt sein Bestes und umwirbt das Weibchen für zwei Stunden. Doch leider abermals erfolglos.

Als sich der Horizont aufhellt und sich die kommende Dämmerung ankündigt, macht sich unser Igel auf in Richtung eines Schlafplatzes. Er legt sich um 4.15 Uhr hinein und verschläft darin den Tag. In dieser Nacht hat er eine Strecke von 1500 Metern zurückgelegt und dies mitten in der Stadt Zürich im Quartier Wiedikon. Diese Strecke wurde 1992 im Rahmen einer Untersuchung mittels Telemetrie aufgezeichnet.

Rechts oben: Ein Igel auf Nahrungssuche in einer Wiese.

Rechts unten: Auf dieser Abbildung sind die Wege von einem Igelmännchen (links oben) und einem Igelweibchen (rechts unten) während einer Nacht im Mai zu sehen. Diese Igelwege stammen von einem Zürcher Forschungsprojekt aus dem Jahr 1992.

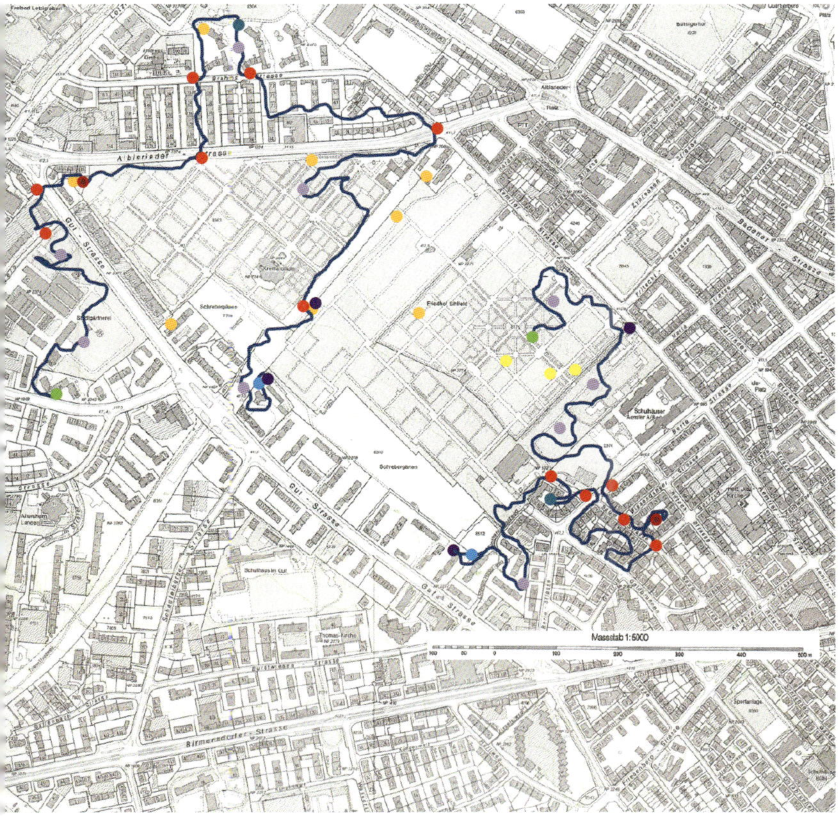

Igelwege

Männchen, Mai 1992

- Start 22.15 Uhr
- Ende 5.20 Uhr

- Schlafplätze (Mai–Juni)
- Straßenüberquerung
- Treffen mit Weibchen
- Futtersuche
- Komposthaufen
- Futterstelle

Weibchen, Mai 1992

- Start 22.30 Uhr
- Ende 4.20 Uhr

- Schlafplätze (Mai)
- Straßenüberquerung
- Treffen mit Männchen
- Futtersuche
- Komposthaufen
- Futterstelle

Was fressen Igel?

Wer schon einmal einen Igel bei der Nahrungssuche beobachtet hat, weiß, dass es nicht einfach ist herauszufinden, was der Igel frisst. Nachts, wenn die Igel unterwegs sind, kann meist kaum das Tier selbst erkannt werden, geschweige denn die kleinen Beutetiere, die in Windeseile aufgenommen und verschlungen werden. Aus diesen Gründen wurde die Nahrungszusammensetzung der Igel bisher vor allem indirekt untersucht. Dabei wird der Kot oder, bei toten Tieren, auch der Magen- und Darminhalt analysiert. Die Proben werden dafür unter dem Mikroskop auf kleinste Überreste der Beutetiere untersucht. Erschwert werden diese Analysen dadurch, dass nicht alle Körperteile der Beute gleich gut verdaut werden. Zum Beispiel werden die weichen Körper von Würmern und Raupen sehr gut verdaut und sind kaum als Rückstände im Kot oder in der Magenprobe zu finden, wobei die harten Außenskelette von Käfern eher erhalten bleiben. Eine weitere Methode die Nahrungswahl der Igel zu untersuchen, ist, dem Igel eine große Palette von möglichem Futter anzubieten und zu beobachten, was der Igel (zuerst) frisst. Es stellte sich heraus, dass dies nicht ganz ohne Tücken funktioniert, da Igel oft auch Dinge fressen, die ihnen nicht guttun oder die sie in der Natur normalerweise nicht antreffen würden. Neuerdings ermöglichen genetische Methoden, bei denen Stücke der DNA (des genetischen Codes der Erbsubstanz) den Beutetieren zugeordnet werden, eine einfachere und genauere Bestimmung der Nahrungszusammensetzung.

Igel zählen zu der Tiergruppe der sogenannten Insektenfresser (Insektivoren, siehe Kapitel 1, «Igel im Baum des Lebens»). Dies deutet bereits auf ihre Ernährung hin – wobei nicht nur Insekten vertilgt werden – und zeigt, dass Igel vor allem tierische Nahrung zu sich nehmen. Igel sind opportunistische Allesfresser. Das bedeutet, dass sie allgemein wenig wählerisch sind, was die Nahrungswahl angeht und fressen, was ihnen vor die Schnauze kommt: vor allem Wirbellose, dies heißt Insekten, Würmer, Käfer etc., seltener auch Wirbeltiere oder Aas. Einen sehr kleinen Stellenwert auf dem Speiseplan der Igel nehmen Pflanzenmaterial, Beeren, Früchte und Pilze ein. Das Verdauungssystem der Igel ist auf tierische Nahrung spezialisiert, pflanzliche Nahrung kann nicht verdaut werden. Igel passen ihren Speiseplan so an, dass sie von lokalen und saisonalen Verfügbarkeiten an Insekten profitieren können. Es wird also gefressen, was gerade vorhanden und häufig ist. Sind mehrere begehrte Speisen gleichzeitig vorhanden, wird natürlich das Bevorzugte zuerst gefressen. Bevorzugt werden weiche Tiere gefressen, somit besteht der Großteil der Igelnahrung aus Regenwürmern und Raupen, doch auch die härteren Käfer machen einen großen Anteil der Nahrung aus. In unterschiedlichen Studien machten diese drei Gruppen immer mehr als 75 % der Nahrung aus. Es gibt verschiedenste Studien zur Nahrungszusammensetzung der Igel mit teils sehr unterschiedlichen Resultaten, daher kann nicht abschließend gesagt werden, welchen Anteil die einzelnen Nahrungsquellen genau ausmachen. Dies hängt nicht zuletzt auch von der Region und der Jahreszeit ab.

Nachfolgend sind einige der Hauptbeutetiere der Igel aufgeführt (Reihenfolge entsprechend dem Anteil in der Nahrung):

- **Käfer:** Besonders Laufkäfer werden von Igeln in großer Anzahl verzehrt. Wie man sich vorstellen kann, sind Käfer aufgrund ihres Chitinpanzers (Außenskelett) für die Igel wohl etwas mühsam zu verspeisen. Sie werden aber trotzdem in großen Mengen gefressen, da sie viel Protein enthalten. Nach Käferlarven im Boden wird stundenlang gesucht, dabei hinterlassen die Igel kleine Löcher in der Wiese.
- **Schmetterlinge:** Schmetterlinge (Tag- und Nachtfalter) werden nicht verschmäht, wenn sie im feuchten Gras angetroffen werden, machen aber wohl einen kleinen Anteil an der Nahrung aus. Schmetterlingsraupen hingegen gehören zur Leibspeise der Igel. Es ist oft nicht möglich, die Arten genauer zu bestimmen, da der Kopf abgebissen wird, welcher ein Indiz für die Artbestimmung geben würde. Raupen, welche typische Wiesenpflanzen fressen und deshalb in Wiesen und Rasen vorkommen, werden wohl am häufigsten verspeist.
- **Regenwürmer:** Regenwürmer machen je nach Region und Untersuchung einen unterschiedlichen Anteil der Nahrung der Igel aus, wobei der Anteil immer relativ hoch ist. Regenwürmer werden vor allem gefressen, wenn andere Beutetiere nicht vorhanden sind. Außerdem ziehen sich Regenwürmer bei trockenem Wetter tief in den Boden zurück und sind für Igel dann nicht gut erreichbar.
- **Ohrwürmer:** Ohrwürmer wurden häufig in Kot- und Magenproben gefunden, was darauf hindeutet, dass sie eine häufige Beute sind.
- **Schnecken:** Häuschenschnecken werden eher seltener gefressen. Besonders große Arten wie die Weinbergschnecke können vom Igel nicht geknackt werden. Nacktschnecken machen hingegen einen größeren Anteil im Beutespektrum aus. Doch auch hier werden nicht alle Arten gleich gerne gefressen. Alleine in der Schweiz gibt es beispielsweise knapp 250 verschiedene Schneckenarten. Solche mit relativ dicker Haut werden weniger gern gefressen, während Ackerschnecken wohl eher häufiger verspeist werden.
- **Zweiflügler:** Zu dieser Gruppe gehören z. B. die Mücken und die Fliegen. Erwachsene Zweiflügler werden kaum in großen Mengen und eher versehentlich (mit Aas) gefressen. Die Larven und Puppen aus dieser Gruppe werden jedoch auch direkt verspeist. Eine Studie stellte fest, dass besonders im Siedlungsgebiet häufig im Boden lebende Schnakenlarven gefressen werden.
- **Tausendfüßer und Hundertfüßer:** Hundertfüßer machen nur einen sehr kleinen Teil der Igelnahrung aus. Wahrscheinlich sind sie zu schnell für die Igel und werden daher kaum gefangen. Tausendfüßer hingegen werden relativ häufig verzehrt.
- **Asseln:** Asseln werden nur selten verspeist, was überrascht, da sie eigentlich weit verbreitet sind und Igel ihnen regelmäßig begegnen müssten. Da die nah mit dem Igel verwandten Spitzmäuse häufig Asseln fressen, ist unklar, weshalb Igel sie weitgehend verschmähen.

- **Hautflügler:** Bienen und Wespen werden nur in kleinen Mengen und wahrscheinlich tot oder wehrlos verspeist. Ameisen werden selten und wahrscheinlich oft nur versehentlich gefressen.
- **Spinnen:** Spinnen, besonders Wolfsspinnen, werden wohl häufig gefressen, machen aber wegen ihres oft geringen Gewichtes trotzdem nur einen kleinen Anteil der Gesamtnahrungsmenge aus.
- **Pflanzenläuse, Wanzen und Zikaden:** Diese Artengruppen werden nur selten gefressen.
- **Heuschrecken:** Diese flinken Insekten werden nur selten gefressen.
- **Wirbeltiere:** Wirbeltiere machen allgemein einen kleinen Nahrungsanteil der Igel aus und werden selten gefressen. Es wurden bereits Überreste von Fröschen, Mäusen, Spitzmäusen, Maulwürfen, Eidechsen, Schlangen, Vögeln und Vogeleiern in Kot- und Magenproben von Igeln gefunden. Bei einigen dieser Arten wurde beobachtet, wie diese von Igeln erbeutet wurden. Bei anderen Arten ist man sich nicht sicher, ob sie von Igeln erbeutet oder als Aas gefressen wurden. In gewissen Küstengebieten oder auf Inseln kann der Igel auch Eier und Jungvögel von bodenbrütenden Arten erbeuten. Es gibt Geschichten von Igeln, welche Schlangen, oft auch giftige Arten wie Ottern oder Vipern, erbeuten. Den Igeln wird sogar eine gewisse Immunität gegenüber Schlangengift nachgesagt. Dies bleibt allerdings noch besser zu erforschen.
- **Pflanzliches Material:** Grasstücke und weiteres pflanzliches Material wird vor allem versehentlich aufgenommen. Sei dies bei der Nahrungsaufnahme auf einem frisch geschnittenen Rasen oder durch den Verzehr von pflanzenfressenden Beutetieren, welche Pflanzenteile im Verdauungstrakt haben. Früchte und Beeren werden selten und wohl kaum in größeren Mengen gefressen. Im Herbst, wenn Obst am Boden liegt, kann es jedoch vorkommen, dass Igel auch reifes Obst fressen. Auch interessant für die Igel sind natürlich die an den Äpfeln fressenden Insekten sowie fetthaltige Stoffe, weshalb selten auch aufgebrochene Nüsse gefressen werden.

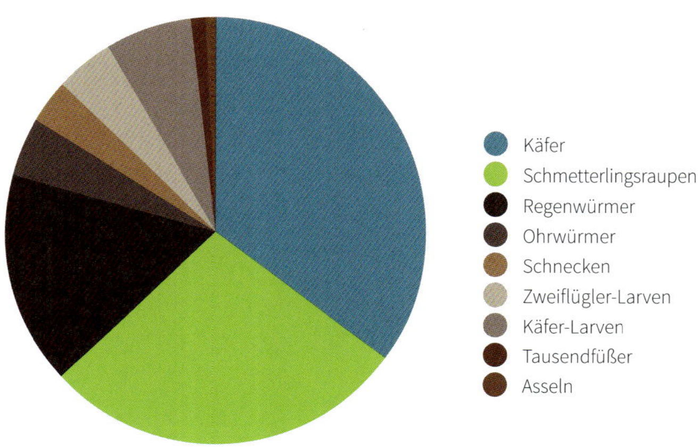

Ungefähre Aufteilung der Nahrung der Igel entsprechend des Energiewerts nach Reeve 1994 (basierend auf Studien von Campbell (1973), Yalden (1976), Grosshans (1983) und Wroot (1984)).

Oben: Igel fressen gerne Laufkäfer, zu denen auch solche Grabkäfer gehören.

Mitte: Der Gemeine Regenwurm ist eine sehr beliebte Beute des Igels.

Unten: Die Raupe der Hausmutter, ein Schmetterling aus der Familie der Eulenfalter, wird häufig von Igeln verspeist.

Auf Nahrungssuche

Der Igel sucht überall dort nach Nahrung, wo es etwas zu fressen geben könnte. Bei Igeln kann man kaum zwischen Nahrungssuche und Fortbewegung unterscheiden, da die Nahrungssuche oft mit Fortbewegung verbunden ist. Der Igel bewegt sich auf der Suche nach etwas Essbaren auf oft schnelle und ruckartige Weise fort. Dabei schnüffelt und schmatzt er auf der Suche nach Nahrung dauernd. Wird ein Beutetier erschnüffelt oder erlauscht, wird es mit den Zähnen geschnappt, aus der Erde gebuddelt oder auch aus dem Unterholz oder der Laubschicht herausgeholt. Gerade in der Wiese oder im Rasen können dabei kleinere Löcher entstehen, weil der Igel mit seiner Schnauze die Beute ausgräbt. Entdeckt werden die Beutetiere entweder durch den Geruch oder durch die Geräusche, welche sie bei der Fortbewegung von sich geben. Für das Abbeißen von Aasstücken fehlen den Igeln die Reißzähne. Daher nagen sie vor allem an Fleischstücken. Größere Beutetiere wie Frösche oder Eidechsen werden von hinten gefressen und mit den Vorderpfoten festgehalten. Ein Igel mit einem Körpergewicht von 500–700 Gramm muss täglich circa 90–140 Kilokalorien zu sich nehmen. Dies entspricht ungefähr einer Masse von 90 Gramm Wirbellosennahrung. Da der Magen des Igels aber nur etwa 30 Gramm fassen kann, muss dieser pro Nacht mindestens zweimal gefüllt und wieder geleert werden. Igel in Gefangenschaft zeigen auch zwei Aktivitätshöhepunkte während der Nacht. Dies wird damit erklärt, dass sich die Igel den Bauch vollschlagen, sich anschließend ausruhen und verdauen und dann später nochmals auf Nahrungssuche gehen, um sich den Magen erneut zu füllen. Bei Studien an Igeln in der freien Wildbahn konnte ebenfalls eine Tendenz zu zwei oder mehreren Aktivitätshöhepunkten gezeigt werden, die von Pausen unterbrochen sind, wenn auch nicht so ausgeprägt wie in Gefangenschaft.

Igel fressen vieles, was ihnen vor die Nase kommt. Daher kann es auch mal vorkommen, dass sie auf der Suche nach etwas Schmackhaftem in unangenehme Lagen geraten. Ein Beispiel sind Becher oder Take-away Behälter, die als Abfall weggeworfen werden. Die Igel riechen die Nahrungsreste darin, versuchen diese zu erreichen und können dabei steckenbleiben (mehr dazu im Kapitel 4, « Liegengelassener Abfall»).

Soll ich Igel füttern?

Wildtiere sollten generell nicht gefüttert werden. Igel sind Wildtiere, die in ihrem Lebensraum eigenständig und ausreichend Nahrung finden. Die Fütterung von Wildtieren kann zu Verhaltensänderungen führen; etwa, dass Wildtiere ihre Scheu vor dem Menschen verlieren, was ihnen zum Verhängnis werden kann, oder auch die Übertragung von Krankheiten zwischen Individuen fördert. Werden Igel trotzdem gefüttert, weil man sie z. B. genauer beobachten möchte, empfehlen wir dies nicht permanent zu machen, sondern zeitlich zu beschränken und nur kleine Mengen zu füttern. Eine Alternative ist das Bereitstellen einer flachen Wasserschale, die täglich gereinigt wird. Solche Wasserstellen werden besonders im warmen Sommer gern angenommen und nicht nur von Igeln, sondern auch von anderen Wildtieren geschätzt. Zugängliches Wasser ist in vielen Landschaften häufig beschränkt. Bei Trink- wie auch Futterschalen ist es grundlegend, diese täglich zu waschen, um die Krankheitsübertragung zwischen den Tieren zu vermeiden. Futterschalen für Igel sollen stets so aufgestellt werden, dass sie von anderen Wild- oder Haustieren nicht erreicht werden können. Der Grund dafür ist nicht nur, den Hausfrieden mit dem Nachbarn zu halten, indem man dessen Katze nicht mitfüttert, sondern auch, um nicht andere Wildtiere, wie etwa Füchse, an die Futterstelle zu locken.

Findet man im Spätherbst einen Jungigel mit einem Gewicht von unter 500 Gramm, kann man dem Tier helfen, indem man ihm draußen geeignetes Futter bereitstellt. Es ist darauf zu achten, dass das Tier ansonsten gesund ist und die Fütterung gestoppt wird, sobald das Tier das nötige Gewicht erreicht hat. Beachtet man diese Regeln nicht, kann es vorkommen, dass bei konstanter Nahrungsverfügbarkeit ein Igel verspätet mit dem Winterschlaf beginnt, was ihm nicht gut bekommt.

Ungeeignet für Igel sind alle Milchprodukte, salzige und süße Lebensmittel sowie jegliche pflanzliche Nahrung. Diese Lebensmittel können von Igeln schlecht bis gar nicht verdaut werden und können dadurch zu Durchfall oder zu einer Entzündung des Magens oder Verdauungstrakts führen. Der natürlichen Nahrung am nächsten kommen feuchtes Katzen- und Hundefutter, wobei auch hier erwähnt werden muss, dass dies nicht dem Nährwert der natürlichen Ernährung der Igel entspricht. Weitere Informationen dazu, wann eine Zufütterung von Igeln sinnvoll sein kann, finden Sie im Kapitel 5, «Zufütterung vermeiden».

Wo leben Igel?

Es gibt einige Elemente, die in einem Igellebensraum nicht fehlen dürfen. Igel benötigen eine Kombination von Strukturen, die Versteckmöglichkeiten bieten, offene Bereiche, welche zur Nahrungssuche genutzt werden können, sowie trockene Laubblätter, welche benötigt werden, um Schlafnester zu bauen. Besonders Übergangsgebiete zwischen verschiedenen Lebensräumen (z. B. Waldränder, Wegsäume, Hecken, strukturreiche Gärten) werden von Igeln gerne aufgesucht, da dort die Vielfalt an Insekten und anderen Wirbellosen am größten ist. Heckenlandschaften, feuchtes Grasland und offene Laubwälder gelten als ursprüngliche Lebensräume des Igels. Mit der Intensivierung der Landwirtschaft wurden Felder zunehmend zusammengelegt, vergrößert und Heckenstrukturen und Kleingehölze zwischen den Feldern entfernt oder durch Zäune ersetzt. Dadurch verlor der Igel in diesen Gebieten die nötigen Kleinstrukturen als Versteckmöglichkeiten vor Fressfeinden und für Neststandorte. Der Einsatz von synthetischen Pestiziden nahm zu, wodurch die Anzahl der

Trinkmöglichkeiten werden von Igeln und anderen Wildtieren in heißen und trockenen Sommern sehr geschätzt.

Oben: Siedlungsgebiete mit naturnah bewirtschafteten Grünflächen bieten Igeln einen Lebensraum.

Mitte: In der Nacht gehört die Stadt den Wildtieren. Auch der Igel ist vor allem nachts aktiv.

Unten: Extensiv, d. h. wenig intensiv bewirtschaftetes Landwirtschaftsgebiet mit relativ kleinräumiger Strukturierung und abgestuften Waldrändern war ursprünglich ein typischer Igellebensraum. Solche Lebensräume sind heute in Europa jedoch nur noch relativ selten anzutreffen.

Insekten und damit die Nahrung der Igel abnahm. Intensiv landwirtschaftlich bewirtschaftete Flächen, also der größte Teil der Agrarflächen in unseren Breiten, werden heute kaum noch von Igeln bewohnt.

Heute sind Igel häufiger im menschlichen Umfeld anzutreffen als in landwirtschaftlich genutzten Räumen, so z. B. in Wohnquartieren von Städten, Agglomerationen und Dörfern mit einem hohen Grünflächenanteil. In ländlichen Gebieten werden offene Ackerflächen gemieden und vor allem die Randbereiche von Feldern, Äckern und die Waldrandbereiche besonders von Laubwäldern zur Nahrungssuche genutzt. In reinen Nadelwäldern und baumlosen Gebieten fehlen den Igeln die Laubblätter für den Bau des Winternests, weshalb diese kaum Lebensraum bieten. In Siedlungsnähe werden Rasenflächen in Gärten, Parkanlagen, Kompostarealen, Hecken, Obstgärten, Wiesen und Weiden zur Nahrungssuche aufgesucht. Die Siedlungsgebiete werden von den Igeln wegen des größeren Nahrungsangebotes (natürlicher Herkunft und vom Menschen stammend), wie auch der erhöhten Strukturvielfalt für potenzielle Tagesschlafplätze (z. B. Hecken, Gebüsche, Rabatten, Holzbeigen, Holz-, Ast- und Steinhaufen, Gartenhäuschen, hohes Gras, Unterwuchs) und klimatisch begünstigten Überwinterungsplätzen und der tieferen Dichte von möglichen Beutegreifern gegenüber landwirtschaftlich intensiv genutzten Gebieten bevorzugt. In den Voralpen und Alpen besiedeln Igel vor allem die tiefergelegenen Täler (bis circa 1100 Meter über Meer). Sie können im Sommer bis auf Höhen von 1700, selten 2000 Meter über Meer beobachtet werden.

Zu welcher Tageszeit sind Igel aktiv?

Igel sind nachtaktiv. Dies heißt, dass sie den Tag in ihrem Versteck respektive Nest verschlafen und vor allem nachts auf Nahrungssuche gehen. Bei Igeln ist die Nachtaktivität wahrscheinlich zumindest teilweise darauf zurückzuführen, dass nachts ihre Beutetiere unterwegs sind. Es kann gelegentlich vorkommen, dass man tagsüber einen Igel antrifft. Dies ist nicht grundsätzlich ein Grund zur Sorge. Es ist z. B. möglich, dass der Igel in seinem Versteck aufgescheucht wurde oder die Igelmutter vor ihren strapazierenden Jungtieren flüchtete, um an der Sonne etwas auszuruhen. Der Igel sollte in diesem Fall aus der Distanz beobachtet werden: Macht er einen gesunden Eindruck? Ist er eventuell verletzt? Im Zweifelsfall sollte der Igel im Freien belassen werden (siehe «Input Igelzentrum»).

Üblicherweise startet die Aktivität der Igel in der Abenddämmerung und endet mit der Morgendämmerung. Mit den längeren Nächten im Herbst und Frühling (im Vergleich zum Sommer) nutzen Igel nicht mehr die ganze Nacht zur Nahrungssuche, sondern legen zwischendurch auch kürzere und längere Pausen ein. Die nächtlichen Aktivitäten des Igels umfassen die Futtersuche, aber auch Exploration, Brunftverhalten und gelegentliche Ruhepausen. Die mit Abstand meiste Zeit, etwa 70–85 %, wird jedoch für die Nahrungssuche aufgewendet.

Die Streifgebiete der Igel

Umgangssprachlich werden die Begriffe «Streifgebiet» und «Territorium» häufig als Synonyme verwendet. Dies ist aber nicht ganz korrekt. Ein Territorium ist ein Gebiet, welches gegen Artgenossen rigoros verteidigt wird. Ein Streifgebiet hingegen ist ein Gebiet, welches regelmäßig genutzt, aber nicht unbedingt verteidigt wird. Igel haben ein Streifgebiet und kein Territorium, sie verteidigen ihren Lebensraum also nicht gegen Artgenossen. Die Streifgebiete der Igel überschneiden sich daher erheblich. Trotzdem treffen sich Igel selten an und gehen einander aus dem Weg. Kämpfe zwischen Igeln, besonders außerhalb der Paarungszeit, sind äußerst selten. Bei einer zufälligen Begegnung können sich Igel auch einmal beiseiteschubsen, ohne dass es zu einer längeren Auseinandersetzung kommt.

Ein Streifgebiet wird von einem Igel über mehrere Jahre hinweg bewohnt; der Igel kennt sich in seinem Gebiet sehr gut aus, da er ein hervorragendes Ortsgedächtnis hat. Männliche Igel haben während der Paarungszeit größere Streifgebiete als die Weibchen. Ihre Streifgebiete können diejenigen mehrerer Weibchen umfassen. Die monatlichen Streifgebiete von ungefähr 20 Hektaren bei Männchen werden während der Paarungszeit auf rund 110 Hektaren ausgeweitet. Die jährlichen Streifgebiete der Männchen sind mit 180 Hektaren größer als die monatlichen Streifgebiete, da übers Jahr verteilt mehrere Gebiete genutzt werden. Die jährlichen Streifgebiete der Weibchen verändern sich während der Paarungszeit nicht und sind im Schnitt etwa 33 Hektaren groß. Während der Fortpflanzungszeit kann ein Igelmännchen pro Nacht weite Wegstrecken (2–5 Kilometer) zurücklegen. Obwohl ein direkter Vergleich schwierig ist (zwei versus vier Füße), müssten wir Menschen, um eine ähnliche Leistung zu erbringen, pro Tag einen Halbmarathon oder sogar einen Marathon zurücklegen. Nicht reproduzierende Männchen oder Weibchen legen eher Strecken bis zu etwa einem Kilometer pro Nacht zurück.

Können Igel schwimmen?

Wie die meisten Säugetiere können Igel schwimmen und zwar relativ gut. Igel sind nicht wasserscheu und schwimmen auch einmal durch ein Gewässer, um einen Weg abzukürzen, anstatt drumherum zu laufen. Es wird berichtet, dass ein Igel sogar über die Themse in London geschwommen sei. Dass Igel in relativ kleinen Gewässern wie Gartenteichen oder Swimming Pools ertrinken, hat mehr damit zu tun, dass sie bei Becken oder steilen Borden keinen Ausstieg mehr finden, als dass sie nicht schwimmen könnten.

Die Ruheplätze der Igel – Schlafplätze und Nester

Im Laufe des Jahres bewohnen Igel unterschiedliche Nesttypen, die sich in der Funktion unterscheiden. Diese Typen sind: Tages- oder Sommernest, Winternest und das Nest für die Jungenaufzucht.

Igelnester sind oft sorgfältig gebaute Strukturen, dies trifft vor allem auf das Winternest zu. Das Material für das Nest, vor allem Laubblätter, gelegentlich auch Abfall, sammelt der Igel mit dem Maul und trägt es an geeigneten Standorten zusammen (z. B. unter einer Hecke, unter einem Asthaufen oder unter einem Gartenhäuschen). Hat der Igel genügend Laub gesammelt, formt er einen Hohlraum in der Mitte des Laubhaufens und rollt und dreht sich darin häufig lange hin und her, sodass das Laub zusammengedrückt wird. Viele Nester werden innen mit weichen Materialien wie Moos, Gras oder Heu ausgepolstert. An optimalen Standorten helfen das Nest umgebende und stützende Strukturen (z. B. Totholz, Brombeerstauden etc.) dabei, das Laub an Ort und Stelle zu halten. Somit entsteht ein Nest mit einem Durchmesser von 30–60 Zentimetern, wobei die Wände, meist aus gepresstem Laub, bis zu 20 Zentimeter dick sein können. Die kleine Kammer darin ist kaum groß genug für einen Igel; ein kleiner Tunnel dient als Eingang. Es gibt jedoch auch Nester, die nur lose zusammengebaut und wenig dicht sind. Dabei handelt es sich oft um nur einige Male benutzte Schlafplätze, die nicht gut isoliert sein müssen.

Der Nestbau ist nicht trivial und will geübt sein. Mit zunehmender Erfahrung der Igel im Nestbau nimmt die Qualität der Nester zu. Laubblätter eignen sich besonders für den Nestbau, da sie zusammengepresst als Isolation gegen Nässe und Kälte dienen. Dieser Faktor ist besonders wichtig für den Winterschlaf, weshalb vermutet wird, dass in einigen Teilen seines Verbreitungsgebiets fehlendes Nestmaterial der limitierende Faktor für das Vorkommen der Igel sein könnte, obwohl Futter in Hülle und Fülle vorhanden wäre. Das verfügbare Material sowie die Fähigkeit des Tieres, das Winternest zu bauen, bestimmen zu einem großen Teil die Überlebenswahrscheinlich im Winterschlaf. Ein guter Neststandort zeichnet sich durch stützendes Astwerk, worin das Laub für das Nest platziert werden kann, einen bodennahen, jedoch für Fressfeinde schlecht zugänglichen Eingang und einen guten Schutz vor Niederschlag (z. B. unter einem Baum oder Dach bei einem Gebäude) aus. Zudem sollte der Standort schattig sein, sodass der Igel an heißen Sommertagen, aber auch an milden Wintertagen nicht zu sehr in seinem Nest aufgewärmt wird. Im Garten bieten Hecken, wilde Orte mit Totholz, Gartenhäuschen oder auch Laubhaufen geeignete Unterschlüpfe und Orte für den Nestbau.

Im Handel erhältliche Igelhäuser werden auch gerne angenommen, sind aber nicht nötig, solange Igel im Garten Laubblätter und ungestörte, trockene Strukturen (wie z. B. einen Hohlraum unter dem Gartenhäuschen oder ein Plätzchen in einer dichten Hecke) finden. In seltenen Fällen wird eine Höhle im Boden (z. B. ein Kaninchenbau) als Nest genutzt.

Igelnester werden laufend gebaut, benutzt, ausgebessert und gewechselt. Männchen wechseln ihre Tagesschlafnester häufiger als Weibchen. Dies rührt daher, dass erstere ein größeres Streifgebiet haben als letztere. Es werden auch verlassene Nester genutzt, die ursprünglich von anderen Individuen gebaut worden sind. Mit Ausnahme von Müttern

Diese Bilder zeigen verschiedene Orte, welche sich Igel als Tagesschlafverstecke ausgesucht haben.

während der Jungenaufzucht werden Nester eigentlich nicht mit anderen Igeln geteilt. Igelnester können jedoch von mehreren Igeln nacheinander benutzt werden. Das häufige Wechseln der Nester begünstigt die Übertragung von Parasiten und Krankheiten zwischen den Individuen (mehr dazu siehe Kapitel 3, «Parasiten und Krankheiten der Igel»).

Igel verwenden Nester für verschiedene Zwecke und je nach Gebrauchsart unterscheiden sich diese auch in ihrer Qualität. Die Sommer- oder Tagesschlafnester können sehr einfach sein, manchmal werden nur ein paar Blätter oder Gräser zusammengetragen. Ganz faule Tiere können sich auch mal einfach ins hohe Gras hinlegen und dort den Tag verschlafen. Auch im Nest kugelt sich der Igel nicht unbedingt ein; bei Gefahr tut er es dann aber blitzschnell.

Die Nester für die Jungenaufzucht werden vom Weibchen temporär genutzt und manchmal sehr kurzfristig vor der Geburt gebaut. Grund dafür ist wahrscheinlich, möglichst wenige

Igel mit Gras in der Schnauze, welches genutzt wird, um das Nest auszupolstern.

Parasiten im Nest der Frischgeborenen zu haben. Igelmütter können auch mehrere Nester haben, damit die Jungen bei einer Störung sofort gezügelt werden können. Die Nester für die Jungenaufzucht sind etwas größer als normale Sommer- oder Winternester, da nebst der Mutter darin auch die Jungen Platz haben müssen. Sie sind an besonders geschützten Orten angelegt und sollten auf keinen Fall gestört werden.

Das Nestbauverhalten für das Winternest wird mit den fallenden Temperaturen ausgelöst. Dabei wird meist mehr als ein Nest gebaut. Manche Igel wechseln ihr Nest im Laufe des Winters. Auch wird das gleiche Nest im Folgejahr nicht wiederverwendet.

Frühlingsgefühle bei den Igeln

Die Paarungszeit der Igel beginnt gleich nach dem Winterschlaf; Jungtiere sind bereits nach ihrem ersten Winterschlaf geschlechtsreif. Die Männchen wachen tendenziell früher aus dem Winterschlaf auf als die Weibchen und können so früh damit beginnen, die Standorte der Weibchen ausfindig zu machen und sich Reserven anzufressen. Die Paarungszeit zieht sich von April bis in den September, wobei die Hauptaktivität wohl von Mai bis August stattfindet. Das Balzverhalten der Igel hat sicher schon einigen Personen den Schlaf geraubt. Die Weibchen schnauben und fauchen dabei unentwegt und laut während Minuten, ja sogar Stunden oder Nächten. Es sind Geschichten bekannt von Menschen, die aus Angst vor Einbrechern im Garten die Polizei gerufen haben, obwohl die «Eindringlinge» lediglich einschlägig beschäftigte Igel waren. Wer hätte gedacht, dass diese kleinen Stacheltiere einen solchen Radau verursachen können!

Während der Balz reagiert das Weibchen besonders zu Beginn aggressiv auf die Avancen des Männchens. Dieses versucht sich dem Weibchen zu nähern und es zu umkreisen. Solange das Weibchen nicht in Paarungsstimmung ist, dreht sich dieses zu ihm hin und hält ihn mit ihren Stacheln auf der Stirn auf Abstand. Das Männchen versucht unentwegt aufzusitzen, wobei ihn das Weibchen immer wieder wegschubst. Da sich das Paar dabei im Kreis bewegt, nennt man das Balzverhalten der Igel auch «Paarungskarussell». Durch die lauten Fauch-Geräusche der Weibchen können auch weitere Männchen angezogen werden, wobei diese dann durch Kopfstöße ihre Machtkämpfe austragen. Es kommt natürlich nicht in allen Fällen zu einer Paarung und nicht alle Paarungen führen zu einer Trächtigkeit. Kommt es aber zur Paarung, so ist das Männchen auf viel Kooperation vonseiten des Weibchens angewiesen. Dieses legt sich mit dem Bauch flach auf den Boden, die Hautmuskulatur wird entspannt und die Stacheln niedergelegt, zusätzlich streckt das Weibchen sein Hinterteil in die Luft. Kurz nach der Paarung verlässt das Männchen das Weibchen und kümmert sich nicht weiter um dieses und seine Nachkommen. Das Weibchen zieht die Jungtiere alleine auf. Theoretisch wären zwei Würfe pro Jahr möglich, es ist aber unbekannt, wie oft dies wirklich vorkommt: Junge, einjährige Weibchen haben im Vergleich zu älteren Weibchen vermutlich erst später im Jahr genügend körperliche Reserven für eine Schwangerschaft, wodurch der Wurf sehr spät geboren wird. Solche späten Würfe könnten mit einem zweiten Wurf eines anderen Weibchens verwechselt werden. Die Überlebenswahrscheinlichkeit von Jungtieren aus zweiten oder späten Würfen ist wohl eher gering, da diese kaum genug Zeit haben, sich genügend Fettreserven für den Winterschlaf anzufressen. Die besten Überlebenschancen haben Jungtiere aus einem späten Wurf in einem milden Herbst und einem späten Winter. Solange der Boden noch nicht gefroren ist, können die Igel noch Futter finden.

Jungigel erblicken die Welt

Nach ungefähr 35 Tagen Tragzeit kommen die jungen Igel zur Welt, meistens im Juni oder Juli. Je nach geografischer Lage kann sich die Anzahl Jungtiere pro Wurf unterscheiden. In Mitteleuropa liegt die durchschnittliche Wurfgröße bei 4–5 Jungtieren, wobei Spannen von 2–10 Tieren möglich sind.

Für die Geburt sucht sich die Mutter einen geschützten Ort und baut dort ihr Nest für die Jungenaufzucht. Wird die Mutter während oder kurz nach der Geburt gestört, kann es vorkommen, dass sie das Nest verlässt oder in einigen Fällen sogar die Jungen frisst. Die Jungen sind bei der Geburt 8–25 Gramm schwer und nur gerade 7 Zentimeter lang. Igel sind Nesthocker, d. h., dass die Jungen bei der Geburt noch blind und nackt sind. Es sieht außerdem so aus, als ob die jungen Igel noch keine Stacheln hätten. Dem ist aber nicht so. Ein Jungigel hat bei der Geburt bereits etwa 100 Stacheln. Diese sind aber in die noch aufgedunsene Haut eingebettet, damit die Mutter bei der Geburt nicht verletzt wird. Sichtbar werden die Stacheln, sobald die Haut kurz nach der Geburt abschwillt. Bereits nach einer Woche können die Jungigel ihre Stacheln aufstellen.

Mit circa zwei Wochen beginnen die Jungigel sich einzurollen, wenn auch noch nicht so fest wie erwachsene Tiere. Die volle Verteidigungsstärke eines erwachsenen Igels erreichen die Jungtiere erst später im Leben (Angaben gehen auseinander: 28 Tage bis 3 Monate). Die ersten Wochen verbringen die Jungigel nur im Nest. Tagsüber werden sie von der Mutter gesäugt, während diese nachts selber auf Nahrungssuche geht. Nach zwei Wochen öffnen die Jungigel langsam die Augen und mit 3–4 Wochen trauen sie sich für erste selbst-

Oben: Das sogenannte Paarungskarussell, währenddessen das Männchen (rechts) das Weibchen (links) umwirbt, kann sich über mehrere Stunden, gar mehrere Nächte hinziehen.

Unten: Bei der Paarung ist Kooperation gefragt. Das Weibchen muss sich dafür auf den Bauch legen und das Hinterteil nach oben strecken. Die Stacheln liegen bei der Paarung flach am Körper.

Oben: Wird es der Mutter zuviel, sucht sie für den Tag ein anderes Nest in der Nähe auf.

Rechts oben: Die Jungigel folgen der Mutter aus dem Nest. Sie müssen allerdings selbst lernen, was fressbar ist.

Rechts unten: Jungigel suchen mit 5–6 Wochen ihr Futter bereits selbstständig.

ständige Erkundungsausflüge aus dem Nest. Zu dieser Zeit beginnen auch die Milchzähne hervorzutreten. Die Mutter bringt den Jungtieren nicht bei, was essbar ist und was nicht, dies müssen die Jungtiere selber lernen. Statistisch gesehen stirbt eines von fünf Jungtieren, bevor es das Nest verlässt. Mit circa 5–6 Wochen sind die Jungigel unabhängig von der Mutter und fortan einzelgängerisch unterwegs. Nun sind die Jungigel bereits 250 Gramm schwer, also etwa zehnmal so schwer wie bei der Geburt. Vor dem Winterschlaf müssen sie ihr Gewicht aber nochmals verdoppeln!

Das Einspeicheln – ein verblüffendes Verhalten

Das sogenannte «Einspeicheln» ist eine der eigenartigsten Verhaltensweisen des Igels. Trifft ein Igel auf seinem nächtlichen Rundgang auf eine (oft zum ersten Mal gefundene) Substanz mit für ihn eigenartigem Geschmack oder Geruch, kann es vorkommen, dass dadurch das Einspeicheln ausgelöst wird. Dabei kaut, riecht oder frisst der Igel die angetroffene Substanz und bildet einen schaumigen Speichel, der aus einer Mischung von Speichel und der Substanz besteht. Diese schaumige Mischung wird anschließend unter Verdrehungen des Körpers auf die Stacheln und selten auch die Haare mittels «Spucken» und unter Zuhilfenahme der Zunge aufgetragen. Dieses Einspeicheln kann bis zu mehrere Stunden dauern; die Igel sind in dieser Zeit oft abgelenkt. Ausgelöst werden kann dieses eigenartige Verhalten durch die unterschiedlichsten Substanzen; beispielsweise Hundekot, Kröten, Schweiß von Menschen, Eier, Kaffee, aber auch Schildkröten und sogar destilliertes Wasser. Eine Studie aus Belgien zeigte, dass nur ein geringer Anteil der Igel (2–11 % der Tiere) dieses Verhalten an den Tag legt, wobei es bei männlichen Tieren öfter vorkommt als bei weiblichen sowie bei Jungtieren öfter als bei Ausgewachsenen.

Es gibt verschiedene Theorien über die möglichen Ursachen des Einspeichelns. Das Verwenden eines fremden Dufts könnte dazu dienen, den eigenen Geruch zu verstecken, um so olfaktorisch besser vor Fressfeinden geschützt zu sein. Zudem könnte es sein, dass Igel so ihren individuellen Duft herstellen, aus einer Mischung zwischen angetroffener Substanz und eigenen Duftstoffen. Wird dieser Duft auf die Stacheln aufgetragen, könnte dies dazu dienen, Pheromone, die bei der Fortpflanzung eine wichtige Rolle spielen, besser zu verteilen. Außerdem wurde vorgeschlagen, dass das Einspeicheln ein Mittel gegen Parasitenbefall sein könnte oder dass Igel das Hautsekret von Amphibien so nutzen, um ihre Stacheln mit Gift zu bestreichen. Alle diese möglichen Funktionen sind umstritten. Die Funktion des Einspeichelns beim Igel ist bis heute noch ungeklärt und weitere Forschung in diesem Bereich ist nötig.

Ein weiteres spezielles Verhalten ist das «im Kreis-Rennen»: Verschiedene Igel wurden beobachtet, wie sie teils über mehrere Nächte am gleichen Ort im Kreis gerannt sind (unabhängig von einem Paarungskarusell). Weshalb die Igel dies machen und ob das Verhalten sogar mit einer Krankheit zu tun hat, ist leider auch unbekannt.

Der Winter wird verschlafen

Igel sind, wie alle Säugetiere, gleichwarm (oder endotherm), das heißt, dass die Körpertemperatur von der Außentemperatur weitgehend unabhängig ist. Um eine konstante Körpertemperatur aufrechtzuerhalten, brauchen gleichwarme Tiere relativ viel Energie. Da im Winter die Insekten nicht in großen Mengen vorhanden sind, müssen Igel eine Strategie finden, um die nahrungsarmen Monate zu überstehen. Viele insektenfressenden Vogelarten machen dies, indem sie in den Süden fliegen. Da dies für die Igel keine Option ist, legen sie im Winter einen Winterschlaf ein. Der Winterschlaf ist also eine Strategie, um in Zeiten des Nahrungsmangels Energie zu sparen. Igelarten, die in der Wüste leben, legen während Trockenzeiten solche «Winterschlafe» ein. Während der normale Schlaf, wie auch wir Menschen ihn kennen, überlebensnotwendig ist, kann der Winterschlaf in gewissen Situationen auch ausgelassen oder verkürzt werden.

Es sind verschiedene Faktoren, die den Winterschlaf auslösen: fallende Temperaturen, abnehmende Tageslichtlängen, die abnehmende Nahrungsverfügbarkeit und eine hormonelle Umstellung im Körper. Die Körperfunktionen werden während des Winterschlafs im Vergleich

Das Einspeicheln ist ein merkwürdiges Verhalten der Igel, dessen Funktion noch nicht abschließend geklärt ist.

zum «normalen» Schlaf auf ein Minimum reduziert. Die Verdauung, das Wachstum sowie die Häufigkeit der Herzschläge und der Atemzüge werden heruntergefahren. Normalerweise schlägt ein Igelherz 200–280 Mal pro Minute, während des Winterschlafs sind es hingegen nur noch 10–20 Schläge pro Minute. Gleichermaßen wird die Atmung von 25 Atemzügen pro Minute in normalen Ruheperioden oder sogar 50 Atemzügen pro Minute bei Aktivität auf nur noch etwa 13 Atemzüge pro Minute reduziert. Es kann auch längere Perioden geben, während denen die Atmung sogar fast stillsteht.

Die Körpertemperatur wird von den üblichen 34.5° Celsius auf nur noch 1–5 °C verringert. Wichtig ist, dass die Körpertemperatur nicht unter 1 °C fällt, da sonst der Erfrierungstod droht. Bei Igeln ist diese Gefahr groß, da sie unter den Stacheln keine Haare haben. Haare tragen maßgeblich zur Wärmeisolation bei und ohne Haare verlieren die Igel somit mehr Wärme über die Haut als Tiere mit Haaren. Dies erschwert die Thermoregulation und führt zu schnellem Auskühlen. Aus diesem Grund ist ein gut gebautes Winternest für das Überleben in dieser kalten Zeit ausschlaggebend. Selbst bei frostigen -10 °C draußen sollte die Innentemperatur des Nests nie unter 0 °C fallen. Gleichermaßen muss das Nest den Igel vor Niederschlag und zu großer Wärme schützen, sodass dieser nicht mitten im Winter aus seinem Nest flüchten muss oder zu früh im Frühjahr aus dem Winterschlaf erwacht.

Winterschlaf bedeutet aber nicht, dass sich Igel im Spätherbst verziehen und dann bis März oder April durchschlafen. Der Winterschlaf wird normalerweise regelmäßig, im Schnitt einmal pro Woche, unterbrochen. Es ist aber auch möglich, dass ein Igel in 3–4 Monaten nicht einmal aufwacht. Während Aufwachphasen wird die Körpertemperatur von circa 5 °C auf über 30 °C hochgefahren, dies kann gut 3–4 Stunden in Anspruch nehmen. Die Gründe für das Aufwachen sind zum Teil durch den Stoffwechsel bedingt. Auch wenn dieser sehr reduziert ist, kann es vorkommen, dass die Igel Urin lassen müssen, da die Fettverbrennung Wasser produziert. Zudem ist es normal, dass Igel im Laufe des Winterschlafs ihr Winterschlafnest wechseln. Obwohl es doch eher außergewöhnlich ist, einen Igel mitten im Winter zu sehen, ist dies noch kein Grund zur Sorge, sondern kann Teil eines natürlichen Verhaltens sein. Igel bedürfen nur Hilfe, wenn sie klar untergewichtig oder sichtlich krank sind (siehe «Input Igelzentrum»). Das Aufwachen braucht viel Energie, weshalb Störungen während des Winterschlafes zu vermeiden sind.

Das im Herbst angefressene Fettpolster hilft den Igeln durch den Winter. Kurz vor dem Winterschlaf kann bis zu einem Drittel des Körpergewichts aus Fett bestehen, wobei der Körperfettanteil mit zunehmendem Alter und Gewicht zunimmt. Es werden zwei Typen von Fettgewebe unterschieden: das weiße Fett, dieses agiert als Energiespeicher während des

Solche Igelspuren im Schnee können selten beobachtet werden, da die Igel sich im Winter normalerweise im Winterschlaf befinden.

Winterschlafs, und das braune Fett, dieses ist vor allem in den Aufwachphasen aktiv, da es sehr schnell Wärme produziert. Das braune Fettgewebe macht vor dem Winterschlaf mit etwa 3 % des Körpergewichts der Igel nur einen kleinen Teil des gesamten Fettgewebes aus. Während des Winterschlafs verlieren Igel 20–40 % des Körpergewichts, vor allem weißes Fett. Daher ist es essenziell, dass Igel den Winterschlaf mit genügend Gewicht beginnen. Als Faustregel gilt, dass ein kontinentaleuropäischer Igel mindestens 500 Gramm (je nach geografischer Lage werden teils andere Gewichtsangaben verwendet) schwer sein sollte, um den Winterschlaf zu überleben. Natürlich heißt dies nicht, dass alle Tiere unter 500 Gramm sterben und alle schwereren Tiere überleben werden, aber je weniger Gewicht der Igel vor dem Winterschlaf hat, desto kritischer kann für ihn ein langer Winter werden. Aufgrund der größeren Körperoberfläche im Vergleich zum Volumen kühlen kleinere, dünnere Igel schneller aus als größere, schwerere, eher einer Kugel ähnelnden Igel. Der erste Winterschlaf ist für Igel deshalb besonders kritisch. Sehr kalte oder ungewöhnlich warme Winter können die Körperreserven zusätzlich vermindern und die Winterschlafdauer verkürzen. In warmen Wintern wachen Igel vermehrt auf und benötigen dafür zusätzliche Energie. Die Igelmännchen beenden den Winterschlaf Mitte März, meist etwas früher als die Igelweibchen (Anfang April). Wahrscheinlich machen sie dies, um sich vor der Paarungszeit schon einmal einige Reserven anzufressen und sicher wach und fit zu sein, sobald die Weibchen aufwachen. Die Weibchen brauchen nach einem möglichen zweiten oder späten Wurf Zeit, um sich die nötigen Fettreserven anzufressen, bevor sie den Winterschlaf Mitte November beginnen können, weshalb sie diesen oft etwas später starten als die Männchen, die sich bereits Mitte Oktober in den Winterschlaf begeben.

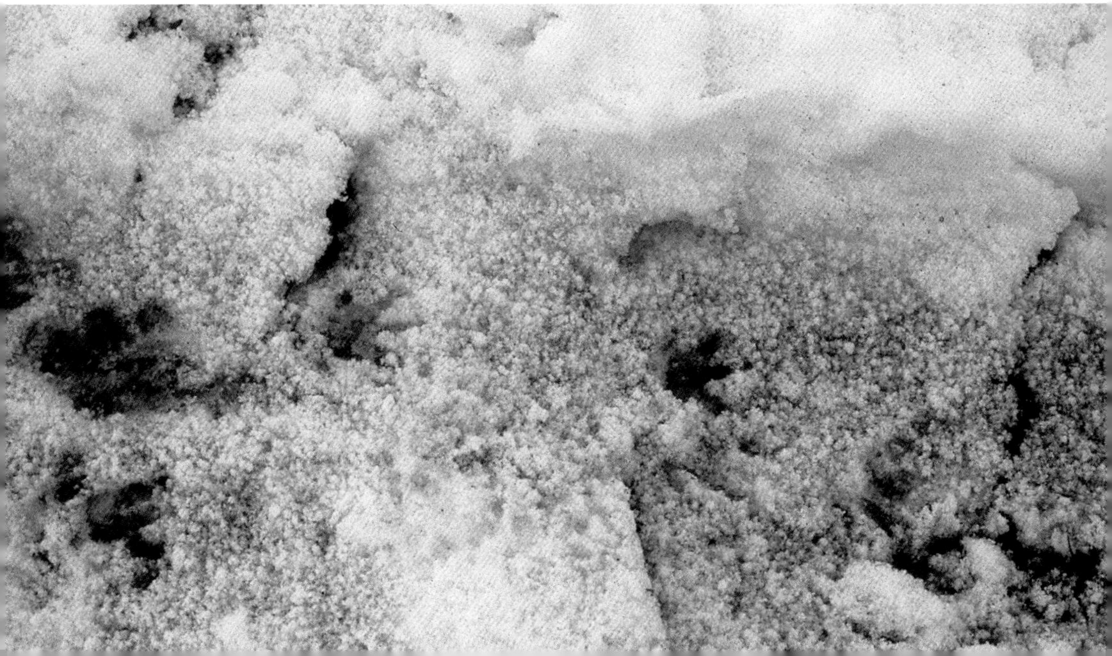

Das Igeljahr

Winterschlaf

Mitte Oktober bis Mitte März: Männchen
Mitte November bis Anfang April: Weibchen

Herbstliche Futtersuche

Mitte September bis Anfang Dezember

Jungigel unterwegs

Mitte Juni bis Ende November

Aufwachen im Frühjahr

Mitte März: Männchen
Anfang April: Weibchen

Paarungszeit

Mitte April bis Ende August

Geburt der Igelbabys

Mitte Mai bis Ende September, größtenteils im Juni bis August

3.3 Vom Leben und Sterben

Die Sterblichkeit junger Igel im ersten Lebensjahr ist mit 60–80 % sehr hoch. Dies ist unter normalen Umständen kein Problem, da Igelweibchen eine große Anzahl Jungtiere werfen und diese großen Würfe die hohe Sterblichkeit wieder ausgleichen können. Besonders kritisch für die Jungtiere ist der erste Winterschlaf. Nach dem Überleben desselben haben die Igel eine durchschnittliche Lebenserwartung von 2,5 Jahren. Circa zwei Drittel der erwachsenen Igel überleben das zweite Jahr. Das höchste Alter in der freien Wildbahn ist schwierig zu bestimmen, da dieses nur von einem sehr kleinen Anteil der Igel erreicht wird und die Altersbestimmung nicht ganz einfach ist. An toten Tieren können Wachstumslinien im Knochen des Unterkiefers gezählt werden. Da sich das Wachstum während des Winterschlafs extrem verlangsamt, werden dadurch Linien hinterlassen, ähnlich wie die Wachstumslinien bei Bäumen. Es wurde lange vermutet, dass das Maximalalter der Igel etwa bei 6–8 Jahren liegt. Neuere Untersuchungen aus Dänemark zeigten aber, dass einzelne Individuen noch älter werden können. Es wurden vier Igel im Alter von 10 Jahren, ein Igel im Alter von 11 Jahren, ein Igel im Alter von 13 Jahren und sogar ein Igel, der 16 Jahre alt war, gefunden. Ein solch hohes Alter bleibt aber eine Rarität. Dies ist auch nicht verwunderlich, wenn man die zahlreichen Gefahren bedenkt, denen ein Igel entkommen muss, um ein solch stattliches Alter zu erreichen (siehe Kapitel 4, «Fallen und Gefahren für Igel erkennen und beheben»).

Die vom Menschen beeinflusste Sterblichkeit wird ausgelöst durch Lebensraumveränderung, Straßenverkehr, steilwandige Schächte und Gewässer (ertrinken/verdursten), sowie Netze (verheddern). Zudem spielen Verletzungen durch Gartenwerkzeuge oder Abfall (z. B. Blechdosen), Vergiftungen und Verbrennungen, beispielsweise in zu früh aufgestellten Brauchtumsfeuern eine Rolle (mehr dazu im Kapitel 4, «Fallen und Gefahren für Igel erkennen und beheben»). Dazu kommt die natürliche Sterblichkeit durch Fressfeinde, Verhungern oder Erfrieren im Winterschlaf sowie Parasiten und Krankheiten.

Wildtiere, die Igel fressen

Die Stacheln der Igel sind ein äußerst effizienter Verteidigungsapparat, den nur wenige Tierarten überwinden können (siehe Kapitel 3, «Die Stacheln: der perfekte Schutz»). Die zwei wohl gefährlichsten Feinde des Igels in Mitteleuropa sind der Dachs *(Meles meles)* und der Uhu *(Bubo bubo)*. Beide haben Krallen, die lang genug sind, also länger als die Igelstacheln, um selbst eingerollte Igel tödlich verletzen und erbeuten zu können. Dies bedeutet aber nicht, dass Dachse alle Igel, die sie auf ihren nächtlichen Streifzügen antreffen, auch gleich verspeisen. Ob sie einen Igel angreifen, hängt vermutlich vom vorhandenen Nahrungsangebot ab. Ist genügend einfach zugängliche Nahrung für Dachse vorhanden, sind

Bildserie von einem Uhu, der versucht einen Igel zu erbeuten. Diese Serie wurde in einem Garten mit einer Kamerafalle aufgenommen. Der Uhu flog später wieder davon und der Igel führte seine Nahrungssuche fort.

sie möglichweise weniger motiviert, Igel zu fangen. Denn ein ausgewachsener, gesunder Igel ist keine einfache Beute und die Überwindung der stacheligen Verteidigung birgt auch für den Angreifer eine Verletzungsgefahr. Es gibt Bilder von Dachsen und Igeln, die friedlich nebeneinander an einer Futterschale fressen.

Trotzdem: Gebiete mit einer sehr hohen Dichte von Dachsen werden von Igeln gemieden und in Gebieten mit Dachsen halten sich Igel vermehrt in der Nähe von Versteckmöglichkeiten und weniger auf offenen Flächen auf. Ob sich die beiden Arten zeitlich meiden, bedarf jedoch noch weiterer Untersuchungen. Eine zeitliche Vermeidung würde bedeuten, dass Igel und Dachse zwar die gleichen Gebiete nutzen, jedoch zu unterschiedlichen Zeiten in der Nacht.

Weiterhin kann es vorkommen, dass Füchse Igel erbeuten. Es wird vermutet, dass Füchse schnell genug sind, Igel zu beißen, bevor diese sich einrollen können. Gleichermaßen

Dachse gehören zu den Fressfeinden des Igels.

Oben: Füchse können ab und zu einen Igel erbeuten. Gesunde, erwachsene Igel haben aber von einem Fuchs nicht viel zu befürchten.

Unten: Obwohl Dachse zu den natürlichen Feinden der Igel gehören, verläuft nicht jedes Treffen der beiden fatal für die Stacheltiere.

gibt es Hinweise, dass Hunde, Iltisse, Baummarder und Otter in gewissen Fällen erwachsene Igel erbeuten können. Junge Igel, die sich noch nicht vollständig einrollen können, können zudem Hermelinen, Mauswieseln, Ratten oder Katzen zum Opfer fallen.

Parasiten und Krankheiten der Igel

Wie alle Tiere können Igel von einer Vielzahl an Krankheiten befallen werden. Igel sind sehr zähe und widerstandsfähige Tiere und viele der Parasiten und Krankheiten scheinen sie bei einem moderaten Befall und sonstiger guter Gesundheit nicht stark negativ zu beeinflussen. Trotzdem kann z. B. ein starker Parasitenbefall dazu führen, dass die Überlebenswahrscheinlichkeit während des Winterschlafes sinkt.

Ektoparasiten – Krabbeltiere im Fell und zwischen den Stacheln

Zu den äußerlichen Parasiten, die Igel befallen können, zählen Flöhe. Igel haben, wie viele andere Säugetiere, ihre eigene Art dieser blutsaugenden Insekten: *Archaeopsylla erinacei* (welche ihren spezifischen Wirt auch im Namen trägt). Diese Floh-Art ist speziell auf Igel angepasst. Mit den relativ weit auseinanderstehenden Stacheln und dem lichten Fell unterscheidet sich der «Lebensraum Igel» für die Flöhe nämlich stark von jenem anderer Säugetiere, die ein dichtes Fell und viel Unterwolle besitzen. Außerdem verlassen die meisten Floh-Arten normalerweise ihren Wirt, wenn dieser stirbt. Die Igel-Flöhe zeigen diese Eigenart jedoch nicht. Wahrscheinlich haben sie dieses Verhalten im Laufe der Evolution verloren, da Igel ja immer wieder in einen todesähnlichen Winterschlaf mit stark reduzierter Körpertemperatur und Blutzirkulation fallen, ohne dabei zu sterben (siehe Kapitel 3, «Der Winter wird verschlafen»). Die Übertragung der Flöhe findet oft in den Nestern statt, die von verschiedenen Igeln nacheinander aufgesucht werden. Es gibt durchaus einzelne Igel ohne Flöhe, z. B. jene in Neuseeland. Die dort eingeführte Igelpopulation war vermutlich ohne Flöhe angekommen, was deren heutige Abwesenheit erklärt. Ein einzelner Igel kann über 1000 Flöhe beherbergen, dies kommt vor allem bei kranken und schwachen Tieren vor. Die meisten Igel haben jedoch sehr viel weniger Flöhe und verschiedene Zählungen zeigen, dass Igel für Wildtiere dieser Größe im Durchschnitt eine normale Anzahl dieser Blutsauger beherbergen. Den Ruf, Flohschleudern zu sein, haben die Igel also zu Unrecht. Man sieht die Flöhe zwischen den Stacheln und im lichten Fell wahrscheinlich einfach besser als bei anderen Tieren. Vereinzelt können Igel auch von «Rattenflöhen» *(Nosopsyllus fasciatus)*, «Hundeflöhen» *(Ctenocephalides canis)* und «Katzenflöhen» *(Ctenocephalides felis)* befallen werden.

Obwohl Igel mit der Zunge und den Krallen jede Stelle ihres Körpers zum Putzen erreichen könnten, scheinen sie generell nicht viel Wert auf Körperhygiene zu legen und versuchen auch nicht, die Flöhe und andere äußere Parasiten loszuwerden. Sollten die Igelflöhe einmal auf einen Menschen, einen Hund oder eine Katze gelangen, bleiben sie meistens nicht lang. Obwohl Flöhe im Allgemeinen verschiedene Krankheiten übertragen können, z. B. Tularämie und Brucellosis, ist über diese Erreger beim Igel-Floh nicht viel bekannt.

Außer den Flöhen haben Igel auch oft Zecken und Milben, welche zu den Spinnentieren gehören. Bei Igeln kommt vor allem die Igelzecke *(Ixodes hexagonus)* häufig vor, die jedoch auch andere Tiere befallen kann. Daneben kommt auch der Gemeine Holzbock *(Ixodes ricinus)* vor. Zecken sind, wenn sie nicht in großer Zahl auftreten und so Blutarmut auslösen, meistens kein Problem für die Igel. Sie können jedoch die Erreger verschiedener Krankheiten, z. B. der Borreliose und der Frühsommer-Meningoenzephalitis übertragen, welche auch auf den Menschen und Haustiere übertragen werden können. Die Übertragung von Zecken zwischen Igeln findet oft in den Nestern statt.

Mit Blut vollgesogene Zecke (*Ixodes* sp.) mit Zeckeneiern.

Weiterhin treten Infektionen mit verschiedenen Milben bei Igeln auf. Diese sind meistens unproblematisch, mit Ausnahme der Räudemilben. Räude kann unbehandelt zum Tod führen, auch weil sich stark betroffene Igel wegen der schuppenden Haut nicht mehr richtig einrollen können. Die Räude kann auch auf Menschen und Haustiere übertragen werden. Sehr geschwächte und verletzte Igel können außerdem von Fliegenmaden befallen sein. Läuse wurden noch bei keinem Igel nachgewiesen.

Auch Hautpilzinfektionen, ähnlich dem menschlichen Fußpilz, kommen bei Igeln vor. Dabei ist besonders eine Art häufig: *Trichophyton erinacei*. Der Erreger löst oft keine oder nur sehr schwache Symptome aus. Die Infektion kann aber auch zu Haar- und Stachelausfall führen und ruft bei älteren Tieren, die schon lange infiziert sind, geschwollene und verkrustete Ohrmuscheln hervor. Die Übertragung des Pilzes von Igel zu Igel passiert wahrscheinlich bei Kämpfen und der Paarung sowie von der Mutter auf die Jungen und über das Nestmaterial. Obwohl dieser Pilz auf Igel spezialisiert ist, kann er auch Haustiere und Menschen befallen.

Endoparasiten – Parasiten der inneren Organe

Zu den Parasiten der inneren Organe zählen z. B. Saugwürmer (Trematoden wie *Brachylaemus erinacei*), Bandwürmer (Cestoden wie der Igelbandwurm *Hymenolepis erinacei*), Fadenwürmer (Nematoden), Kratzwürmer (Acanthocephala), Kokzidien (Coccidia wie *Isospora erinacei*) und Toxoplasma. Auch hier ist ein geringer Befall durchaus normal und unproblematisch. Ein massiver Parasitenbefall, vor allem, wenn gleichzeitig noch andere gesundheitliche Probleme vorhanden sind, beispielsweise, wenn der Igel unterernährt ist, kann jedoch tödlich sein.

Zu den am häufigsten zum Tode führenden Krankheiten bei Igeln gehören die Lungenwürmer *(Capillaria aerophiia* und *Crenosoma striatum)*, welche zu den Nematoden gehören. Igel stecken sich durch das Fressen von Schnecken und Würmern an, welche bestimmte Entwicklungsstadien dieser Parasiten beherbergen. Im Igel entwickeln sich die Würmer dann in der Lunge weiter und lösen Husten und eine fließende Nase aus. Befallene Igel erkennt man unter anderem am schweren Atmen und am Husten. Die Eier der Lungenwürmer werden dann wiederum über den Kot der Igel ausgeschieden. So gelangen die Lungenwürmer wieder zu den Schnecken und Würmern, womit sich der Kreis schließt. Die Lungenwürmer sind für Menschen nicht ansteckend. Während unbehandelte, schwere Fälle dieser Krankheit häufig zum Tod eines befallenen Igels führen, ist eine Behandlung mit Medikamenten durch eine Fachperson durchführbar und häufig erfolgreich.

Auch verschiedene bakterielle Erkrankungen und Viren kommen bei Igeln vor. Zu ersteren gehören zum Beispiel Salmonellose, Listeriose, Leptospirose und Rindertuberkulose. Außerdem wurden bei Igeln Methicillin-resistente Staphylokokken nachgewiesen. Die viralen

Erkrankungen umfassen zum Beispiel bestimmte Coronaviren (EriCoV), Herpes, Tollwut (Deutschland, Österreich und die Schweiz sind tollwutfrei), Frühsommer-Meningoenzephalitis und Maul- und Klauenseuche. Diese Krankheiten können auch Menschen befallen, wobei Igel nicht als Hauptüberträger gelten. Trotzdem können einige Krankheiten von Igeln auf Menschen übertragen werden. Man sollte Igel daher grundsätzlich nicht anfassen, aber wenn es nicht anders geht, sollte man im Umgang mit Igeln immer Gummihandschuhe oder dicke Gartenhandschuhe tragen und die elementaren Hygienemaßnahmen beachten.

Was tun mit kranken Tieren?

Die Pflege von Igeln ist sehr anspruchsvoll und gehört in die Hände von Fachpersonen. Wenn immer möglich, ist es am besten, schwache und untergewichtige Jungigel in der freien Wildbahn zu belassen. Sie können vorübergehend mit etwas Futter und Wasser unterstützt werden.

In Deutschland, der Schweiz und den meisten Bundesländern in Österreich stehen Igel unter Schutz und dürfen damit nicht gefangen oder in Gewahrsam genommen werden. Ausnahmen gelten für verletzte, hilflose oder kranke Tiere. In Pflege sollten nur Tiere aufgenommen werden, welche ohne menschliches Zutun schwer leiden müssten. Behandelt werden sollten nur Igel, welche danach wieder in die Freiheit entlassen werden können. Findet man also einen pflegebedürftigen Igel, so sollte man sich an die nächste Igelstation oder an einen Tierarzt wenden.

Input Igelzentrum

Interview mit Simon Steinemann und Annekäthi Frei vom Igelzentrum in Zürich

Wie viele andere Igel-Auffangstationen in Deutschland, Österreich und der Schweiz behandelt und betreut auch das Igelzentrum in Zürich verletzte und kranke Igel.

Was sind die Hauptaufgaben und Ziele des Igelzentrums?

Wir sind ein Team von Fachleuten aus unterschiedlichen Richtungen: Tiermedizin, Tierpflege, Landschaftsarchitektur, Pädagogik und Wissenschaft. Unsere Aufgaben sind vielfältig. Wir versorgen kranke und verletzte Igel medizinisch, bis sie wieder fit genug sind, um in die Freiheit entlassen zu werden. Außerdem beraten wir bei Fragen zu Igeln und der Natur im Siedlungsraum. Daneben bieten wir Führungen für Schulen und Private, Exkursionen, Vorträge, Workshops, Ferienprogramme und Weiterbildungen für Igelbetreuende an. Wir sind als Verein organisiert und die Beratung und medizinische Versorgung der Igel sind kostenlos. Deshalb sind wir auf Spenden angewiesen.

Unter welchen Umständen brauchen Igel menschliche Hilfe?

Igel sind Wildtiere und als solche gut an das Leben im Freien angepasst. Sie kommen deshalb normalerweise ohne menschliche Hilfe zurecht. Gelegentlich gibt es aber Situationen, in denen Igel Hilfe gebrauchen können.

Bei einem größeren oder erwachsenen Igel kann es ein erstes Alarmzeichen sein, wenn man dem Tier am helllichten Tag begegnet. Aktivität während des Tages bedeutet aber nicht zwingend, dass der beobachtete Igel ein Problem hat. Erst im Spätsommer oder Frühherbst geborene Igeljunge fallen manchmal im Oktober bis Dezember auf, wenn sie tagsüber auf Futtersuche sind, und versuchen, sich noch genügend große Fettreserven für den Winterschlaf anzufressen. Auch wenn das Tagesnest eines Igels, z. B. bei der Gartenarbeit, zerstört wurde, sind die Tiere manchmal am Tag unterwegs, um sich einen neuen Unterschlupf zu suchen. Bei einer solchen Begegnung während des Tages gilt es also, den Igel vorerst genau zu beobachten, um mögliche Anzeichen von Krankheit oder Verletzungen ausmachen zu können. Sie können die folgende Checkliste benutzen, um abzuschätzen, ob dem Igel etwas fehlen könnte:

- Ist der Igel abgemagert? Gesunde, erwachsene Igel sehen im Normalfall wohlgenährt rundlich aus. Abgemagerte Igel haben einen länglich wirkenden Körper. Der Kopf wirkt abgesetzt und die Flanken sind eingefallen. Die Schultern und die Hüften zeichnen sich unter den Stacheln ab.
- Ist ein Röcheln oder dauernder Husten zu hören?
- Hinkt der Igel oder sind andere Anomalitäten des Ganges zu erkennen?
- Sind Verletzungen sichtbar?
- Ist der Igel übermäßig von Zecken oder Flöhen befallen? Ein mäßiger Befall ist bei einem Wildtier normal, mehrere Dutzend solcher Parasiten wären hingegen eher als schlechtes Zeichen zu werten.
- Ist der Igel von Fliegeneiern oder Maden befallen?
- Hat der Igel breiigen oder dünnflüssigen Kot ausgeschieden?

Haben Sie aufgrund dieser Punkte den Verdacht, dass der Igel krank oder verletzt sein könnte, nehmen Sie ihn am besten mit Handschuhen oder einem Tuch vorsichtig auf. Am besten legen Sie dafür den Igel mit dem Bauch auf Ihre Hand. Fühlt sich der Bauch des Igels deutlich kälter an als die eigene Hand? Dies wäre ein Anzeichen für eine Unterkühlung.
Besteht noch immer Unsicherheit darüber, ob dem Tier etwas fehlt, können Sie es ausnahmsweise für eine (!) Nacht mit nach Hause nehmen, um den Appetit und die Aktivität bei Nacht mithilfe von Katzenfutter zu beurteilen (siehe nächster Punkt). Da Igel nachtaktiv sind, kann dies nicht am Tag geschehen. Krankheitsanzeichen sind: Fehlender Appetit und verminderte oder fehlende nächtliche Aktivität. Scheint der Igel nach eingehender Beobachtung gesund, sollten Sie ihn an derselben Stelle wieder freilassen, an dem Sie ihn gefunden haben.
Igelsäuglinge, oft noch mit weißen Stacheln und geschlossenen Augen, die außerhalb des Nestes liegen, z. B. frei auf einer Wiese, wurden sehr wahrscheinlich von der Mutter verlassen. Sie würden ohne menschliche Hilfe sterben. Greifen Sie nur ein, falls die Mutter nicht mehr da ist, und verständigen Sie so schnell wie möglich eine Igelstation oder den Tierarzt/die Tierärztin in Ihrer Nähe. Da Igelsäuglinge sehr rasch unterkühlen, ist es wichtig, sie sofort auf eine mit lauwarmem Wasser gefüllte und mit einem Küchentuch bedeckte Wärmeflasche in eine Kartonschachtel zu legen. Bedecken sie anschließend auch die Igelsäuglinge vorsichtig mit einem Küchentuch.

Was ist zu tun, wenn man nach dieser ersten Beurteilung findet, dass der Igel tatsächlich krank oder verletzt ist?

Falls eine oder mehrere der beschriebenen Krankheitszeichen auf den Igel zutreffen oder der Igel offensichtlich verletzt ist, sollten Sie sich unbedingt so schnell wie möglich an eine Fachperson wenden. Dafür können Sie z. B. die nächstgelegene Igelstation oder einen Tierarzt/eine Tierärztin in der Nähe kontaktieren. Notieren Sie sich dazu den genauen Fundort und den Zeitpunkt des Igelfundes. Heben Sie den Igel behutsam mit Handschuhen oder einem Tuch auf und setzen Sie ihn in eine große Karton- oder Plastikkiste. Die Wände sollten mindestens 40 Zentimeter hoch sein, um die Flucht des Igels zu verhindern. Die Kiste sollte vorher mit Zeitungspapier ausgelegt werden. Kranke Igel, vor allem, wenn sie in der kühleren Jahreszeit aufgefunden werden, sind oft unterkühlt (kühler Bauch, siehe oben). In diesem Fall kann eine mit lauwarmem Wasser gefüllte Wärmeflasche Abhilfe schaffen. Sollte es nötig sein, den Igel über Nacht zu Hause zu behalten, sollten Sie dem Igel eine kleinere, umgedrehte Kartonschachtel mit hineingeschnittenem Loch als Nest und zerrissene Zeitung oder Küchenpapier als Nestmaterial anbieten. Außerdem können Sie dem Igel je ein Schälchen mit Katzenfutter und frischem Wasser (keine Milch!) geben. So können Sie bis zum nächsten Morgen auch den Appetit des Igels beurteilen. Geben Sie dem Igel nach der Erstversorgung erstmal viel Ruhe. Auf keinen Fall sollten Sie versuchen, das Tier selber zu behandeln, auch nicht gegen Flöhe und Zecken.

Fassen Sie den Igel grundsätzlich nur mit Handschuhen an und waschen Sie sich nach dem Kontakt mit dem Igel gründlich die Hände und Unterarme, um einer Ansteckung mit möglichen Krankheitserregern vorzubeugen. Wenn der Igel von vielen Zecken befallen ist, können Sie z. B. den Innenrand der Kiste mit doppelseitigem Klebeband abkleben, damit die Zecken nicht aus der Kiste entweichen können. In einem solchen Fall ist es auch ratsam, die Kiste später gut auszuwaschen oder zu vernichten.

Der Braunbrustigel gehört in der Schweiz, aber auch in Deutschland und Österreich zu den geschützten Tierarten. Das bedeutet, dass es verboten ist, Igel grundlos zu berühren, einzufangen oder in Gewahrsam zu nehmen. Findet man einen Igel, der sich scheinbar oder tatsächlich in einer Notlage befindet, darf dieses Tier vorübergehend in Gewahrsam genommen werden, dies allerdings nur, wenn man sich gleichzeitig – respektive so rasch wie möglich – mit einer qualifizierten Igelfachstelle in Verbindung setzt. Die Fachstelle wird entscheiden, ob es überhaupt nötig ist, das Tier temporär in menschliche Pflege zu nehmen.

Wie läuft die medizinische Versorgung und die Pflege kranker und verletzter Igel im Igelzentrum ab?

Am Anfang steht meistens ein Anruf oder eine Mail einer Person, die auf einen hilfsbedürftigen Igel aufmerksam geworden ist. Manchmal ist zum Glück gar keine Hilfe nötig. Ist der Igel aber wirklich krank oder verletzt oder handelt es sich um verwaiste Igelsäuglinge, können die Tiere nach Anmeldung im Igelzentrum vorbeigebracht werden. Die Igel werden dann von der Tierärztin des Igelzentrums und durch erfahrene Mitarbeitende untersucht und entsprechend ihren Bedürfnissen täglich medizinisch versorgt. Im Jahr 2019 wurden im Igelzentrum über 400 Igelpatienten medizinisch versorgt und gepflegt.

Während ihres Aufenthaltes werden die Igel einzeln in Stallwannen untergebracht. Neben der medizinischen Untersuchung und Behandlung werden die Pfleglinge auch täglich gewogen und mit angereichertem Katzenfutter und frischem Wasser versorgt. Auch die Wannen und Futternäpfe werden täglich gründlich gereinigt. Dabei wird darauf geachtet, die Tiere möglichst wenig anzufassen, um sie nicht zu sehr zu stressen und an Menschen zu gewöhnen.

Abhängig von der Verletzung oder der Krankheit dauert der Aufenthalt eines Igels im Igelzentrum zwischen ein paar Tagen und mehreren Wochen. Wenn beim Eintritt oder im Verlauf der Behandlung ersichtlich wird, dass der Igel in freier Natur nicht mehr selbstständig würde überleben können, muss das Tier aus Tierschutzgründen eingeschläfert werden, denn ein Leben in dauernder Gefangenschaft wäre eine Qual für jeden Igel. Aber zum Glück kann einem großen Teil der Tiere, die ohne medizinische Versorgung keine Überlebenschancen mehr hätten, geholfen werden, um sie anschließend gesund zurück in die Freiheit zu entlassen.

Zu den Personen:

Simon Steinemann ist Landschaftsarchitekt und arbeitet seit 1999 im Igelzentrum Zürich. Er ist Mitglied der Geschäftsleitung und für die Öffentlichkeitsarbeit zuständig.

Dr. med. vet. **Annekäthi Frei** arbeitet seit dem Jahr 2000 im Igelzentrum. Sie leitet die Igelkrankenstation und das Ressort «lebendige Umweltbildung» und ist Mitglied der Geschäftsleitung.

Eine Mitarbeiterin des Igelzentrums untersucht einen Igel-Pflegling.

Im Igelzentrum finden auch junge Igelwaisen Zuflucht und werden aufgepäppelt, bis sie groß und schwer genug sind, um ausgewildert werden zu können.

Stark abgemagerte Igel erkennt man an klar hervortretenden Schulterblättern, abgesetztem Kopf und spitzer Schnauze.

Jedem Igel steht für die Dauer seines Aufenthaltes im Igelzentrum eine große Wanne mit einem Schlafhäuschen zur Verfügung.

Im Igelzentrum gibt es viel Platz für Vorträge und Führungen. Zum Raum, wo die stationären Igelpatienten untergebracht sind, haben Besucher jedoch keinen Zutritt.

Für die zeitlich begrenzte Unterbringung eines Igels zu Hause eignet sich eine mindestens 40 Zentimeter hohe Karton- oder Plastikkiste. Diese wird mit Zeitungspapier ausgelegt und mit Versteckmöglichkeit, Nistmaterial und Futter- und Wasserschale ausgestattet. Um zu verhindern, dass Zecken aus der Kiste herauskrabbeln, kann man am Innenrand der Kiste ein doppelseitiges Klebeband anbringen.

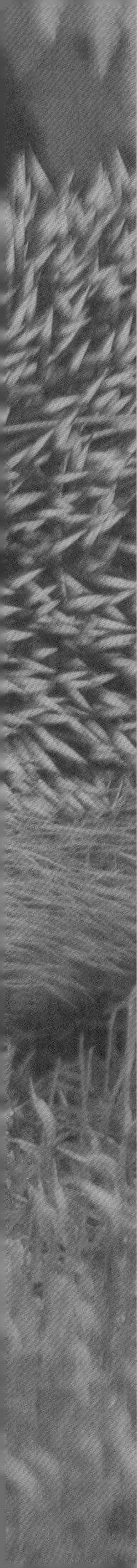

4 Igel in unserer Nachbarschaft

Ein Überlebenskünstler im Siedlungs-Labyrinth

Wie kommt ein Igel in unserer Umwelt zurecht? Bietet mein Garten oder mein Quartier einen geeigneten Lebensraum für die Stacheltiere? Versetzen Sie sich dafür einmal in die Lage eines Igels und stellen Sie sich vor, Sie würden in der Umgebung Ihrer Wohnung oder Ihres Hauses oder in einer Stadt umherstreifen. Sie sind nur knapp 25 Zentimeter groß und Ihre Beine rund 10 Zentimeter lang. Ihre Sicht ist nicht besonders gut und die Augen befinden sich nur wenige Zentimeter über dem Boden, sodass Ihr Blick nur knapp über den Stoppeln eines Rasens hinweg in die nicht allzu weite Ferne schweifen kann. Es ist darüber hinaus meistens ziemlich dunkel, wenn Sie unterwegs sind und Sie nehmen Ihre Umwelt vor allem mit Ihrer ausgezeichneten Nase und Ihren spitzen Ohren wahr. Machen Sie nun – so in die Lage eines Igels versetzt – einen Rundgang in Ihrem Garten oder in Ihrem Quartier oder betrachten Sie die städtischen Straßen auf dem Weg zu Ihrer Arbeit. Entdecken Sie Unterschlüpfe, Durchgänge, Hindernisse und lauernde Gefahren? Und stellen Sie sich die Lebensraumkarte vor, an die sich ein Igel erinnern muss, um in diesem Labyrinth unterwegs zu sein.

In diesem Kapitel werden wir näher darauf eingehen, wie sich Igel in ihrem Lebensraum bewegen, wie man den heimlichen wilden Nachbarn auf die Spur kommen und wie man die eigene Umgebung möglichst igelfreundlich gestalten und potenzielle Gefahren vermeiden kann. Dabei kommt natürlich nicht allen Gefahrenquellen die gleiche Gewichtung zu. Während Lebensraumverlust, die Monotonisierung der Gärten und die Abnahme der Insekten sowie der Nahrungsgrundlage der Igel durch den Einsatz von Pestiziden eine relativ große Bedeutung zukommt und vielleicht sogar für einen gebietsübergreifenden Bestandesrückgang vieler Populationen verantwortlich ist, sind andere Gefahren von eher untergeordneter Wichtigkeit (z. B. Brauchtumsfeuer und Einschließen im Gartenhäuschen). Generell gilt: Was nachfolgend als Gefahr für den Igel beschrieben wird, stellt oft auch für andere Wildtiere wie Vögel, Amphibien und Reptilien ein Problem dar. Die Tipps für einen igelfreundlichen Garten helfen somit nicht nur den Stacheltieren, sondern auch einer Vielzahl anderer wilder Nachbarn.

Für kleine Fußgänger wie den Igel kann eine kleine Mauer bereits ein Hindernis sein. Dank einem ausgeprägten Ortsgedächtnis kommen Igel jedoch gut in Siedlungslabyrinthen aus Durchgängen und Durchschlüpfen zurecht.

4.1 Igel im Garten? Igel im Garten!

Interessiert es Sie, ob sich Igel in Ihrem Garten oder in Ihrer Nachbarschaft tummeln? Es gibt mehrere Methoden, wie Sie Igel nachweisen können. Frühmorgens mit der Kaffeetasse in der Hand haben Sie vielleicht schon kleinere Löcher in der Wiese oder dem Rasen in Ihrem Garten entdeckt. Auf der Suche nach Regenwürmern oder Engerlingen graben Igel mit der Schnauze nach diesen Beutetieren und hinterlassen damit Löcher von 2–3 cm Durchmesser im Boden. Sind die Löcher viel größer, könnte es sich bei dem Insektenjäger auch um einen Dachs oder eine Rotte Wildschweine handeln.

Kot wird meistens auf offenen Flächen wie auf der Terrasse oder auf Steinplatten oder Beton gefunden. Dies heißt nicht, dass Igel ihren Kot vermehrt an solchen Stellen absetzen, so wie z. B. Füchse das oft tun, sondern einfach, dass man den Kot dort leichter finden kann. Die bis zu 50 Millimeter langen und 10 Millimeter breiten Kotwürstchen (etwa die Größe eines kleinen Fingers) sind eher unscheinbar. Der Kot ist dunkelbraun bis schwarz und erst bei genauem Hinsehen sind kleine Insektenüberreste, z. B. ein unverdauliches Stück eines Käferpanzers, sichtbar. Im Kot von Haustieren (z. B. Hund oder Katze), der je nach Größe des Tieres ähnlich groß sein kann wie Igelkot, sind selten unverdaute Stücke zu sehen, da Haustieren meist verarbeitetes Futter gegeben wird.

Links: Dachse benutzen ihre Schnauze und ihre langen Krallen, um ihre Nahrung aus dem Boden herauszuholen. So können sie große Grablöcher im Garten hinterlassen. Grablöcher der Igel sehen ähnlich aus, sind aber kleiner (2–3 cm Durchmesser).

Oben: Der Kot von Igeln ist ca. 5 cm lang, also ungefähr so lang wie ein kleiner Finger, und dunkelbraun bis schwarz gefärbt. Oft sind darin die Überreste von Insektenpanzern erkennbar.

Den Igeln mit Spurentunnel auf der Spur

Nebst dem Lesen von Spuren gibt es auch Methoden, mit denen man etwas aktivere Igel (oder deren Fehlen) nachweisen kann. Einige dieser Methoden werden auch für wissenschaftliche Untersuchungen verwendet. Eine davon ist der sogenannte Spurentunnel. Spurentunnel für Igel sind idealerweise etwa einen Meter lang und 20–30 Zentimeter hoch. Sie können z. B. aus plastifiziertem Karton oder Holz gebaut sein. In ihrem Inneren werden Papier, ungiftige Farbe und Futter-Köder angebracht. Diese Spurentunnel, aufgestellt an Orten, wo Igel leben könnten, machen sichtbar, ob Igel unterwegs sind. Geht ein Igel durch einen Spurentunnel, angelockt durch ein wenig in der Mitte platziertes Futter, hinterlässt er dank der im Tunnel ausgebrachten ungiftigen Farbstreifen seine Fußabdrücke auf dem ausgelegten Papier. Auf diese Weise kann ein Nachweis für das Vorkommen eines Igels in einem Gebiet erbracht werden. Das Fehlen von Igelspuren bedeutet nicht, dass keine Igel bei Ihnen unterwegs sind. Vielleicht haben sie einfach den Tunnel noch nicht benutzt. Es lohnt sich, den Tunnel mehrere Tage im Einsatz zu lassen und täglich auf Spuren zu überprüfen, die Farbe neu aufzutragen und den Futterköder zu erneuern, falls dieser gefressen wurde. Der Köder wird nämlich nicht nur von Igeln, Mäusen, Schnecken und Hauskatzen gefressen. Der Spurentunnel sollte bevorzugt entlang einer Hecke, Mauer oder eines Zauns aufgestellt werden, da Igel auf ihrem Weg durch Gärten und Grünanlagen gerne solchen länglichen Leitstrukturen folgen. Weitere Details zum Einsatz von Spurentunneln in einem Schweizer Projekt zur Überwachung

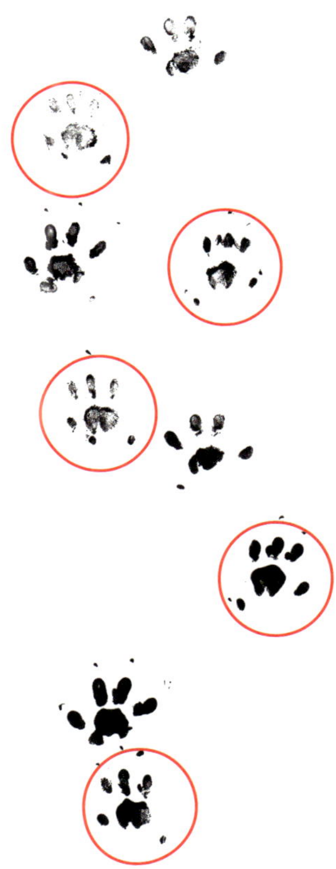

Igel-Fußabdrücke aus einem Spurentunnel.
Die Abdrücke der Hinterfüße sind rot umkreist.

der Populationsentwicklung finden Sie im Kapitel 5, Input «Die Schweizer Bevölkerung erforscht die Igel».

Igel sind, wie Menschen übrigens auch, Sohlengänger. Dies heißt, dass sie beim Gehen den ganzen Fuß inklusive der Ferse am Boden absetzen. Die längeren Hinterfüße hinterlassen längere Abdrücke als die kürzeren Vorderfüße, wobei bei beiden die fünf Fußballen der Zehen gut sichtbar sind. Bei den Vorderfüßen steht eine der Zehen nach innen ab, ähnlich wie bei unseren eigenen Handabdrücken der Daumen, während bei den Hinterfüßen die beiden äußersten Zehen seitlich abstehen. Diese Abdrücke sind arttypisch und können daher auch für wissenschaftliche Untersuchungen genutzt werden. Bei guten Abdrücken sind oft sogar die Krallen sichtbar.

Fotoshooting im Garten: Igel mit der Wildtierkamera entdecken

Wildtierkameras sind eine weitere Möglichkeit, Igel und andere Wildtiere im Garten sichtbar zu machen. Ausgelöst werden die Kameras durch Wärme und Bewegung. Um einen Igelschnappschuss zu machen, sollte die Kamera nur etwa 10 Zentimeter über dem Boden aufgestellt werden. Dem Glück kann etwas auf die Sprünge geholfen werden, indem vor der Kamera eine Trinkschale für Igel, die regelmäßig gereinigt werden muss, aufgestellt wird. Besonders in heißen Sommern sind Wasserstellen im Siedlungsraum, wo Wasser meistens rar ist, richtige Magnete für Wildtiere. Zudem lohnt es sich, die Umgebung vor dem Aufstellen der Kamera nach Wildtierpfaden oder Durchlässen abzusuchen. Wird ein solcher Durchlass oder Pfad gefunden, sollte die Kamera möglichst so aufgestellt werden, dass das Tier

Kamerafallen zeigen das nächtliche Treiben der Igel im Garten.

auf die Kamera zuläuft. Damit erhöht sich die Chance, dass die Kamera auslöst wird, solange sich das Tier noch im Aufnahmebereich befindet. Wildtierkameras, besonders solche mit einer Videofunktion, bieten einen spannenden Einblick in das Verhalten und die Interaktionen der Igel untereinander und mit anderen Wildtieren. Leider ist es kaum möglich, einzelne Igel auf den Bildern zu unterscheiden. Daher lassen Sie sich nicht täuschen: Es kann gut sein, dass «Ihr» Igel, der jede Nacht durch Ihren Garten läuft, in Wirklichkeit mehrere, verschiedene Igel sind. Da die Zeit mit den Bildern oder Videos aufgezeichnet wird, können zeitliche Trends im Bewegungsmuster der Igel aufgezeigt werden.

Asthaufen oder «Igelvillen» können ebenfalls mit einer Wildtierkamera überwacht werden, um zu sehen, ob diese in Gebrauch sind. Wer sich selbst keine Wildtierkamera anschaffen möchte, kann vor den Eingang des Igelhauses oder die Eingänge des Asthaufens, wenn man denn solche identifizieren kann, mit Klebestreifen einen Grashalm anbringen. Der Grashalm ist für den Igel kein Hindernis, zeigt aber auf, ob der Eingang nachts benutzt wurde. Ist der Grashalm am Morgen noch dort, wurde der Eingang nicht benutzt. Hat sich der Grashalm gelöst, ist wahrscheinlich jemand ins Igelhaus hineingegangen oder aus dem Igelhaus herausgekommen. Dies muss natürlich nicht zwingend ein Igel gewesen sein.

Kamerafalle im Einsatz. Der Bewegungssensor reagiert auf Wärme und Bewegung. Läuft ein Tier vor der Kamera durch, macht die Kamera (Objektiv) ein Bild oder ein Video. Bei einigen Kameratypen kann der Blitztyp (hier Infrarot) ausgetauscht werden. Alternativen zum Infrarotblitz sind der Weißblitz oder Schwarzblitz. Zur Sicherung der Kamera wurde sie hier mit einem Schloss und Drahtseil befestigt. Weiterhin ist es wichtig, die Kamera mit einem Infoschild zu versehen, damit allenfalls vorbeigehende Personen sich über den Zweck der Kamera informieren können.

Oben: Wildtierpfade sind mit etwas Übung gut erkennbar. Orte, wo solche Wege Zäune kreuzen, eignen sich besonders gut, um eine Wildtierkamera aufzustellen, da geeignete Kreuzungen selten sind und gerne von verschiedenen Wildtieren und Hauskatzen genutzt werden.

Unten: Kamerafallen, besonders solche mit einer Videofun‹tion, geben einen interessanten Einblick in das Verhalten von Igeln und die Interaktionen zwischen Igeln.

Eine persönliche Begegnung mit dem Igel

Die weitaus eindrücklichste Art, Igel in der eigenen Wohnumgebung nachzuweisen, ist die Direktbeobachtung. Bei abendlichen Spaziergängen lohnt es sich, Grünflächen abzusuchen, um mit etwas Glück einen Igel zu finden. Bei diesen Suchaktionen kann sich eine Taschenlampe als hilfreich erweisen. Um den Igel nicht mit der Taschenlampe zu blenden, kann man eine rote Folie (z. B. eine durchsichtige rote Sichthülle) vor die Taschenlampe halten. Gute Chancen Igel zu erspähen, hat man ab etwa 30–60 Minuten nach Sonnenuntergang, wenn es langsam dunkel wird. Auf solchen Spaziergängen sind aber Geduld und etwas Glück gefragt. Außerdem empfehlen wir Ihnen, den abendlichen Spaziergang in ein anderes Gebiet zu verlegen, falls Sie über mehrere Abende keine Igel finden. Auch Ihre Ohren können Sie bei der Igelsuche einsetzen: Igel rascheln oft erstaunlich laut im Laub, wenn Sie auf Futtersuche sind, husten häufig, weil sie oft Lungenwürmer haben und schmatzen geräuschvoll, wenn sie z. B. einen Käfer oder eine Schnecke fressen.

Falls Sie einen Igel entdeckt haben, lohnt es sich, Distanz zu halten, damit der Igel nicht die Flucht ergreift oder sich einrollt. Wer Igel aus der Distanz beobachtet, kann viel Spannendes sehen und ihr Verhalten studieren. Seltener können auch tagsüber Igel beobachtet werden. Dies kommt vor, wenn ein Igel in seinem Tagesversteck gestört wird oder auch bei Igelmüttern, die etwas Abstand von ihren Jungtieren brauchen. Häufig kann ein tagaktives Verhalten aber auch ein Anzeichen für Krankheiten oder fehlende Fettreserven vor dem Winterschlaf sein.

Eine direkte Beobachtung eines Igels ist immer ein Highlight.

4.2 Fallen und Gefahren für Igel erkennen und beheben

Viele Igel sterben in ihrer Jugendzeit nach dem Selbstständigwerden, in der entbehrungsreichen, kalten Jahreszeit im zehrenden Winterschlaf, durch Krankheiten oder durch die zahlreichen Räuber im Tierreich. Diese natürlicher Gefahren alleine stellen jedoch kaum ein Problem für die Igelpopulationen dar, weil sich die Tiere, wie alle anderen auch, im Laufe der Evolution sehr gut an die zahlreichen Gefahren in ihrer Umwelt angepasst haben. Die größten Gefahren für die Igel sind in unserer alltäglichen, auf die Bedürfnisse des Menschen abgestimmten Umwelt zu finden. Es ist weitgehend unbekannt, welchen Einfluss die ein-

Schematische Darstellung möglicher Hindernisse und Gefahren für die Igel im Garten und in der Nachbarschaft.

1. Offene bzw. unzureichend geschützte, steilwandige Schächte, Treppen und Schwimmbäder/Teiche
2. Motorsensen, Fadenmäher & Co.
3. Feuer
4. Pestizide (z.B. Schneckengift)
5. Herumliegender Abfall
6. Undurchlässige Zäune/ Mauern
7. Straßenverkehr
8. Weidezäune, Vogelnetze, herumliegende Netze und Drähte
9. Gartenhäuschen (einsperren)
10. Natürliche Fressfeinde: Dachs und Uhu
11. Mähroboter
12. Steingarten und versiegelte Flächen

zelnen Gefahrenquellen auf die Igelpopulationen haben: Das heißt, man weiß nicht, wie viele Igel jährlich an den Folgen vom Lebensraumverlust sterben oder welcher Anteil der Igel im Straßenverkehr umkommt. Daher ist eine Gewichtung dieser Gefahren schwierig. Aufgrund der aktuellen Forschungslage kann angenommen werden, dass der Verlust des Lebensraums und die Abnahme der Nahrung der Igel wohl den größten Einfluss auf die Populationen haben.

Verlust des Lebensraumes

Der komplette Verlust des Lebensraumes oder der Verlust von Lebensraumqualität gehören zu den wichtigsten Gefahren für Igel. Während der Verlust oder die Zerstückelung des Lebensraumes z. B. durch das Wachstum von Siedlungen und die Zersiedelung geschieht, ist die Abnahme der Lebensraumqualität oft weniger ersichtlich. Die Lebensraumqualität wird eingeschränkt durch eine zu intensive Pflege von Gärten und öffentlichen Grünräumen, sodass den Igeln und anderen Wildtieren die Nahrung und Versteckmöglichkeiten fehlen. Die Möglichkeiten zur Verbesserung der Lebensraumqualität für Igel sind jedoch vielfältig. Zentral ist dabei das Zulassen von ein bisschen mehr naturnaher Wildheit und ein bisschen weniger Ordnung. (Mehr dazu in Kapitel 4).

Verlust der Nahrung durch den Rückgang der Insekten

Als Insektenfresser ernähren sich Igel von einer Vielzahl von Wirbellosen. Daher dürfte der vielzitierte Rückgang der Insekten aufgrund von Landschaftsveränderungen durch die Intensivierung der Landwirtschaft, des Einsatzes von Pestiziden und des Klimawandels einen Einfluss auf die Igel haben. Eine Studie aus Deutschland zeigte einen Verlust der Masse an Fluginsekten von 75 % über 27 Jahre in Naturschutzgebieten. In diesem Kapitel zeigen wir auf, wie Sie die Insekten, die natürliche Nahrung der Igel, in Ihrem Wohnumfeld fördern können. Weitere Details zum Rückgang der Insekten und weshalb es keine Lösung ist, die Igel einfach zu füttern, finden Sie später im Kapitel 4.

Igel und der Straßenverkehr

Vielbefahrene Straßen gehören zu den häufigsten Todesursachen für Igel. Allerdings weiß man noch immer nicht, wie groß der Anteil der Igelpopulation ist, die dem Straßenverkehr zum Opfer fällt. Verschiedene Studien schätzen, dass jährlich zwischen einem und 73 von 100 Igeln in einem Gebiet dem Straßenverkehr zum Opfer fallen. Natürlich sind solche Hochrechnungen immer mit Vorsicht zu genießen, da sie z. B. stark von der untersuchten Umgebung, der Anzahl der darin vorkommenden Igel und dem Verkehrsaufkommen abhängen.

Hohe Schätzungen der Sterbewahrscheinlichkeit auf den Straßen lassen jedoch befürchten, dass zumindest in Gebieten mit kleinen und isolierten Igelpopulationen der Straßenverkehr eine ernst zu nehmende Gefahr für diese Populationen darstellt. Es gibt sogar Hinweise, dass die hohe Sterbewahrscheinlichkeit auf Straßen zum gebietsweisen Aussterben von Igelpopulationen führen kann. Je nach Saison und Geschlecht kommen unterschiedlich viele Igel auf Straßen ums Leben. Während der Paarungszeit im Frühjahr, wenn die Männchen in der Nacht große Distanzen zurücklegen (siehe Kapitel 3, «Die Streifgebiete der Igel»), gehören meistens sie zu den Straßenopfern. Auch im Herbst, wenn besonders viele junge, frisch «flügge» gewordene Igel unterwegs sind, sind oft vermehrt Straßenopfer zu beklagen.

Die meisten von uns sehen wohl mehr überfahrene als lebendige Igel im Alltag. Das mag daran liegen, dass überfahrene Igel durch ihr Stachelkleid recht auffällig sind und die relativ robuste Stachelhaut länger liegen bleibt als die Überreste anderer Tiere. Anderseits kommen Igel in Siedlungsgebieten häufiger vor als in ländlichen Gebieten (siehe Kapitel 3, «Wo leben Igel?»). Dadurch ist die Chance, einen Igel mit dem Auto zu überfahren oder einen so getöteten Igel auf der Straße anzutreffen, in unserer Wohnumgebung entsprechend größer. Das bedeutet umgekehrt auch, dass es kein gutes Zeichen ist, wenn man in Siedlungsgebieten keine überfahrenen Igel mehr sieht. Dies würde nämlich bedeuten, dass im entsprechenden Gebiet wahrscheinlich nicht mehr viele Igel leben.

Auf der Straße mit einem herannahenden Auto konfrontiert, zeigen Igel entweder das typische, abwartende Verhalten – sie kugeln sich jedoch nicht ein – oder sie versuchen zu fliehen, sind angesichts des hohen Tempos der Fahrzeuge meistens aber nicht schnell genug. Untersuchungen legen nahe, dass Igel die Straßen als Gefahr erkennen. Viele Igel vermeiden denn auch das Überqueren vielbefahrener Straßen. Und genau darin liegt ein weiteres Problem: Straßen mit hohem Verkehrsaufkommen und etwaig vorhandenen, unüberwindbaren Schutzwänden wirken als Barrieren für die Tiere. Weitverzweigte Straßennetze zerstückeln so die Lebensräume der Igel und schaffen Inseln, die einzelne Populationen mehr oder weniger voneinander isolieren. Natürliche Populationsschwankungen können so zum Aussterben von Populationen in einzelnen Gegenden führen, die aus denselben Gründen dann nicht mehr neu besiedelt werden können (siehe Kapitel 5, «Lebensraumverlust und Abnahme der Lebensraumqualität»).

Generell gilt: Als Autofahrer und Autofahrerin muss man in der Dämmerung und bei Nacht, besonders auf Quartierstraßen, stets mit Igeln rechnen. Um die Gefahr zu verringern, einen Igel oder ein anderes Wildtier mit dem Auto zu überfahren, empfehlen wir bei Dämmerung und in der Nacht mit angepasster Geschwindigkeit und steter Bremsbereitschaft zu fahren. Dies gilt insbesondere dann, wenn Hecken und Büsche die Straße säumen. Wenn ein Igel vor Ihnen die Straße überquert, geben Sie ihm die nötige Zeit dafür. Hupen Sie nicht und blenden Sie ihn nicht mit dem Scheinwerfer/Fernlicht, da dies den Igel eher noch mehr erschreckt und er sich infolgedessen eventuell nicht mehr weiterbewegt. Nehmen Sie Igel

Oben: Gegen fahrende Autos haben Igel meistens keine Chance.

Unten: Dieser Igel wurde Opfer des Straßenverkehrs. Solch traurige Bilder zeigen sich uns leider allzu oft, denn Verkehrsunfälle gehören zu den häufigsten Todesursachen der Igel.

nie zwischen die Räder, denn das geht meistens schief, wenn der Igel zu flüchten versucht. Bewegt sich der Igel nicht mehr weiter, können Sie ihn mit Handschuhen, einem Pullover oder einem Tuch vorsichtig aufheben, ihn in seiner Laufrichtung auf die andere Straßenseite tragen und ihn dort ein paar Meter vom Straßenrand entfernt, am besten in der Nähe eines Gebüsches, absetzen. Vergessen Sie dabei aber nie Ihre eigene Sicherheit!

Gräben und Schächte mit steilen Wänden

Lichtschächte (offen oder mit einem groben Gitter abgedeckt), Kellertreppen im Außenraum, Kuhgitter (in höheren Lagen), Entwässerungsschächte, in den Boden eingelassene Kompostmieten, leere Swimmingpools und andere Gräben und Löcher mit steilen Wänden sind oft Fallen für Igel, aber auch für andere kleine Wildtiere, wie z. B. Blindschleichen, Molche, Salamander, Frösche und Kröten. Die Tiere fallen hinein, kommen aber selbstständig nicht mehr hinaus und verdursten oder verhungern. Igel können zwar gut klettern, aber bei steilen und glatten Wänden beschränkt sich die maximal überwindbare Höhe auf 15–20 Zentimeter bei erwachsenen Igeln, für Jungigel noch weniger. Um solche Fallen zu entschärfen, existieren vielfältige Lösungen, welche Individuell eingesetzt werden können:

- Das Abdeckung des Schachtes mit einem engmaschigen Gitter oder einer handelsüblichen Lichtschachtabdeckung.
- Das Schaffen von Ausstiegshilfen wie z. B. schräggestellte Bretter mit Querleisten/Furchen oder das Anböschen einer Grube mit Erde, sodass eine Rampe entsteht. Für kleine Tiere wie Amphibien bewähren sich auch synthetische Drainagematten, die an vertikalen Wänden angebracht werden können.
- Ziegelsteine auf die Stufen der Kellertreppen legen, um die Stufenhöhe zu verringern. Gerade für Jungigel ist diese Maßnahme nützlich. Selbst eine Fahrradrampe kann Igeln helfen, aus steilen Kellereingängen wieder herauszukommen.
- Das Anbringen von Zäunen oder Mauern um Schächten oder die Erhöhung derselben auf mindestens 30 Zentimeter.

Die Löcher und Bodenhülsen, in denen man Fahnenmasten oder Wäschespinnen («Stewi») versenkt, können für kleine Igel ebenfalls eine tödliche Gefahr darstellen. Diese Löcher sollte man daher mit dem daran angebrachten Deckel oder einem Pfropfen verschließen. Besteht keine Möglichkeit, die oben beschriebenen Maßnahmen zu treffen, ist eine tägliche Kontrolle empfehlenswert, um gegebenenfalls hineingefallene Wildtiere aus ihren Gefängnissen zu befreien.

Oben: Solche offenen Schächte können eine tödliche Falle für Igel und andere Wildtiere, wie zum Beispiel Amphibien, sein.

Unten: Eine Fahrradrampe hilft auch Igeln beim Erklimmen einer Treppe. Alternativ können Ziegelsteine als Zwischentritte Abhilfe schaffen.

Teiche und im Boden eingelassene Schwimmbecken mit steilen Wänden

Igel sind gute Schwimmer und ertrinken also nicht gleich, wenn sie in einen Teich oder in einen Swimmingpool fallen. Doch irgendwann ist selbst der ausdauerndste Schwimmer erschöpft, und spätestens dann müssen die Tiere einen Ausstieg finden. Sind die Ufer des Teiches zu steil oder gibt es in einem Swimmingpool keine Ausstiegshilfen, so ertrinken die Tiere. Auch hier gibt es einfache Maßnahmen, um die Gefahr auszuschalten.

- Ausstiegshilfen anbringen: Möglichkeiten sind das Abflachen des Ufers auf einer Seite des Teiches, das Anbringen einer «Treppe» aus Steinen oder eines Holzstegs mit Querleisten oder eine an allen Seiten beschwerte Schilfmatte, die den Ausstieg erleichtert. Diese Maßnahmen helfen auch Kröten und Fröschen, die trotz vieler Anpassungen an ein Leben im Wasser nicht ewig schwimmen können.
- Das Zudecken der Schwimmbecken über Nacht sowie das Anbringen von Ausstiegshilfen selbst bei leeren Swimmingpools.
- Das Anbringen von Zäunen oder Mauern um Teiche oder Schwimmbäder sowie das Erhöhen des Poolrands auf ungefähr 30 Zentimeter. Siedlungsgebiete sind eher trockene Lebensräume, da das Regenwasser schnell über die versiegelten Flächen abfließt und Bäche und Flüsse oft eingedolt sind. Deshalb ist jede Trinkgelegenheit für Wildtiere wertvoll. Beim Aufbau des Zauns sollten Sie die später in diesem Kapitel beschriebenen Punkte beachten.

Igel können gut schwimmen (oben), brauchen aber dringend eine Ausstiegshilfe (unten), um wieder aus dem Gartenteich oder dem Schwimmbecken herauszukommen.

Einsperren vermeiden

Wird das Gartenhäuschen, die Garage oder das Treibhaus erst spätabends geschlossen, besteht die Gefahr, versehentlich einen Igel darin einzuschließen. Hier schafft eine kleine Öffnung in der Wand oder der Tür Abhilfe, z. B. mit einer nach außen aufschwenkbaren Klappe. Entdecken Sie jedoch ein Igelnest im Gartenhäuschen, so ist es wichtig, dass die Mutter jederzeit dieses Nest erreichen kann. Also am besten das Nest an Ort und Stelle belassen und schauen, dass der Zugang zum Häuschen offen bleibt.

Es kann vorkommen, dass Igel Nester an trockenen Orten in geöffneten Gartenhäuschen anlegen. Versichern Sie sich also jeweils, dass Sie nicht aus Versehen einen Igel im Gartenhaus einsperren.

Mäher, Laubsauger und andere Gartengeräte

Das Mähen unter Hecken und Büschen mit einem Rasenmäher oder einer Motorsense (auch Fadenmäher, Tellersense, Kantenschneider, Rasentrimmer) hat schon so manchen Igel getötet oder verstümmelt, indem den Tieren z. B. ein Bein abgetrennt wurde. Die Tiere verschlafen gerne den Tag unter Hecken und Büschen und werden dann von den Mähern überrascht.

Sauber gemähte und aufgeräumte Gärten bieten Wildtieren oft keinen geeigneten Lebensraum, da ihnen so die Vegetation unter Hecken als gerne genutzte Versteckmöglichkeit fehlt. Deshalb sollten Sie unter den Hecken und Büschen möglichst nicht mähen. Falls eine Mahd unbedingt nötig ist, sollten Sie zuerst sorgfältig überprüfen, ob sich unter der Hecke oder im Gebüsch ein Igel aufhält und sich den Einsatz einer Handsense überlegen. Da die schlafenden Igel oft kaum mit bloßem Auge zu entdecken sind, sollten Sie dazu z. B. einen Laubrechen verwenden.

Dieselbe Vorsicht gilt für Laubsauger, mit welchen kleine Igel, Vögel und Insekten eingesaugt und getötet werden können. Ist der Gebrauch eines Laubsaugers unbedingt nötig, sollten Sie das Laub zuerst mit der Blasfunktion unter den Hecken wegpusten. Laubbläser sind dahingehend zwar unproblematischer, trotzdem ist ihr Einsatz in Privatgärten nicht sehr sinnvoll. Igel und andere Wildtiere benutzen Laub für den Nestbau und als Versteck. Außerdem ist Laub für die Nahrungstiere der Igel (z. B. Würmer und gewisse Insekten) eine wichtige Lebensgrundlage. Es wäre also für diese Wildtiere sowie den Schutz der nackten

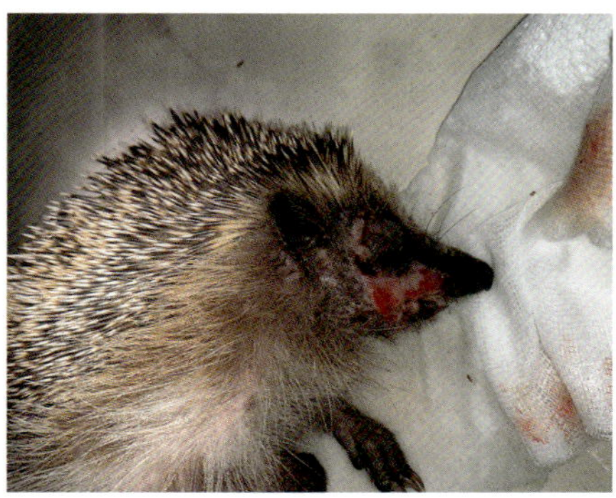

Unvorsichtig eingesetzte Motorsensen (links) können Igel schwer verletzen (rechts) und sogar eine tödliche Gefahr sein.

Erdschicht vorteilhaft, wenn das Laub im Unterholz oder in und um Gartenbeete im Winter liegen gelassen wird. Als weiterer Pluspunkt stellen diese Blätter einen recht guten, natürlichen Pflanzendünger dar.

Mähroboter, die eigenständig den Rasen mähen, sind praktisch. Trotzdem empfehlen wir, darauf zu verzichten: Sie sind vor allem für junge Igel eine tödliche Gefahr; so etwa dann, wenn der Roboter die Jungigel nicht als «Hindern s» erkennt. Dies ist vor allem auch dann der Fall, wenn sich junge Igel in Senken im Boden zusammenkauern. Sollten Sie trotzdem nicht auf den Mähroboter verzichten wollen, so ist es sinnvoll darauf zu achten, dass der Abstand zwischen Roboter und Boden so gering wie möglich ist, damit der Roboter die Jungigel nicht überfahren und dabei verletzen kann.

Beim Umsetzen von Kompost-, Grüngut-, Reisig- und Laubhaufen sollten Sie niemals mit einer Mistgabel oder Ähnlichem einfach hineinstechen, da auch diese Strukturen gerne von Igeln als Verstecke und Schlafplätze genutzt werden, und diese so aufgespießt werden können.

Vor allem junge Igel können unter Mähroboter geraten und dabei verletzt oder getötet werden.

Vogelnetze und elektrische Weidezäune

Um Obstbäume und Weinreben vor Vogelfraß zu schützen, werden diese Pflanzen in gewissen Fällen mit Netzen geschützt. Damit diese Netze nicht zu einer Gefahr für Wildtiere wie Igel und Vögel werden, die sich darin verfangen können, gilt es jedoch einige Punkte zu beachten. Wählen Sie Netze, die aus weichen Fäden gewoben sind. Dünne Plastikfäden sind messerscharf und können Wildtiere schwer verletzen. Um Unfälle mit Vögeln zu vermeiden, wäre es auch vorteilhaft, wenn die Netze aus möglichst grellen Farben bestehen würden. Spannen Sie Netze straff und befestigen Sie sie gut, damit sie nicht weggeweht werden und zu Boden fallen können, wo sie für Wildtiere zur Gefahr werden. Spannen Sie die bodennahen Ränder gut in rund 25 Zentimetern Abstand zum Boden und befestigen Sie lose Netzreste und -enden fern vom Boden. Auch diese Maßnahmen helfen, dass sich Wildtiere nicht in den Netzen verheddern. Kontrollieren Sie die Netze regelmäßig gut, damit darin verfangene Vögel, Igel und andere Tiere befreit werden können. Entfernen Sie die Netze nach der Ernte sobald wie möglich wieder.

Weidenetze und Weidezäune, wie sie oft in der Schafhaltung eingesetzt werden, können für verschiedene Wildtiere eine Gefahr darstellen, wenn sie sich darin verheddern. Führen die Netze Strom, verenden die Tiere an den kontinuierlichen Elektroschocks qualvoll. Igel, die sich ob dem Schmerz und dem Schreck des elektrischen Schlages um den Elektrozaun herum einrollen, sitzen dann erst recht in der tödlichen Falle. Statt Elektrozäune zu verwenden, ist es daher sinnvoll, sich nach Alternativen umzusehen; z. B. Litzenzäune ohne Querverbindungen. Falls das nicht möglich ist, achten Sie darauf, dass die Weidezäune stets gut gespannt sind, kontrollieren Sie sie zudem täglich und räumen Sie sie nach der Weideperiode sofort weg. Die bodennahen Drähte sollten stets ohne Strom geführt werden.

Wenn Vogel- und Weidenetze nicht gebraucht werden, sollten Sie diese nie einfach auf dem Boden liegen lassen, da auch hier für die Wildtiere die Gefahr des Verhedderns besteht. Dasselbe gilt für Drahtrollen und Ähnliches.

Pestizide und Nagetier-Fallen

Unter dem Begriff «Pestizide» wird eine breite Palette von Pflanzenschutzmitteln und Bioziden (allgemein Mittel zum Abtöten von Lebewesen) zusammengefasst. Für die Igel sind wahrscheinlich vor allem Molluskizide (Gifte gegen Weichtiere, z. B. Schneckenkörner), Insektizide (Gifte gegen Insekten) und Rodentizide (Gifte gegen Nagetiere, z. B. Ratten) relevant. Zum einen können Igel direkt den Giften ausgesetzt sein und diese fressen. Dies ist vermutlich vor allem bei Rodentiziden der Fall. Außerdem können Igel das Gift indirekt durch vergiftete Beutetiere aufnehmen, beispielsweise bei mit Molluskiziden vergifteten Schnecken. Die möglichen Auswirkungen dieser Gifte auf Igel und andere Tiere, deren Vergiftung eigentlich nicht beabsichtigt ist, ist entweder der Tod oder die Beeinträchtigung des Verhaltens und des Fortpflanzungserfolges, was wiederum negative Auswirkungen auf die Populationen

Vogelnetze und Weidezäune sollten gut gespannt, regelmäßig kontrolliert und so schnell wie möglich wieder abgebaut werden, da sie für Igel und andere Wildtiere eine tödliche Gefahr darstellen können.

dieser Tiere hat. Bisher wurde die Wirkung solcher Gifte auf Igel und andere Säugetiere nur ungenügend untersucht.

Neben möglichen direkten Effekten der Gifte auf Igel gibt es auch indirekte Effekte: Die Pestizide töten die Nahrung der Igel und machen so auch den Stacheltieren und anderen insektenfressenden Wildtieren das Leben schwer. Zudem töten sie oft auch die «Nützlinge», die man mit den Pestiziden eigentlich nicht treffen wollte (z. B. Läuse fressende Marienkäfer und deren Larven). Das kann zu einer weiteren Ausbreitung der Schädlinge führen und so einen Teufelskreis von immer mehr Pestizideinsatz in Gang setzen.

Im Allgemeinen sollten Sie synthetische Pestizide möglichst vermeiden und nur dann einsetzen, wenn es wirklich keine umweltverträglichere Möglichkeit mehr gibt, um die Schädlinge loszuwerden. Ist der Einsatz von Pestiziden wirklich nötig, achten Sie darauf, den Einfluss auf die nicht zu vergiftenden Tiere möglichst einzuschränken:

- Giftköder zur Bekämpfung von Ratten und Mäusen dürfen nie offen gestreut werden, da sie auch für andere Wildtiere, aber auch für Kinder und Haustiere gefährlich sind.
- Giftköder, die in speziellen Boxen (Köderboxen) ausgebracht werden, sowie Mäusefallen sollten so aufgestellt werden, dass sie für Igel unerreichbar sind: Auf einer mindestens 50 Zentimeter hohen Kiste, einem Bretterstapel oder einer Mauer.
- Auch mit Schneckengift ist Vorsicht geboten. Wenn dringend benötigt, sollten nur Schneckenkörner mit dem Wirkstoff Eisen-III-Phosphat eingesetzt werden. Vermeiden Sie Schneckenhörner mit dem viel giftigeren Wirkstoff Metaldehyd. Falls Schneckenkörner eingesetzt werden, dann legen Sie diese unter einem Brett auf dem Gras aus. Dieses dient den Nacktschnecken gerne als Tagesversteck und hat den Vorteil, dass Häuschenschnecken dort kaum hinkommen.

Links: Rattengift und Schlagfallen sollten so aufgestellt werden, dass sie von Igeln nicht erreicht werden können.

Rechts: Nebst möglichen direkten Effekten vom Pestizideinsatz auf Igel töten Pestizide die Nahrungsinsekten der Igel.

Brauchtumsfeuer und Verbrennung von Gartenabfall

Ast- und Holzhaufen für brauchtümliche Anlässe werden oft lange vor dem Abbrennen errichtet. Igel, aber auch andere kleine Wildtiere benutzen sie dann gerne als Unterschlupf und Nistgelegenheit. Werden die Haufen dann angezündet, bleibt oft nicht genügend Zeit für die Flucht und die Tiere verbrennen oder werden schwer verletzt. Dies ist vor allem dann der Fall, wenn die Feuer während der Winterschlafzeit (z. B. Silvesterfeuer) angezündet werden. Dasselbe gilt auch für das Verbrennen von Grünguthaufen im Garten. Hier bieten sich mehr oder weniger aufwendige Möglichkeiten:

- Den Holzhaufen erst am Tag des Festes aufbauen.
- Holzhaufen vor dem Entzünden umschichten sowie gegebenenfalls sich darunter versteckende Igel vorsichtig umplatzieren.
- Alternativ kann ein Zaun um den Holzhaufen aufgebaut werden. Dies hindert größere Tiere daran, sich im Haufen niederzulassen. Für kleinere Amphibien und Reptilien nützt diese Methode allerdings nichts.

Werden Ast- und Holzhaufen lange vor dem Abbrennen errichtet, können die sich darin versteckenden Wildtiere verbrennen oder schwer verletzt werden.

Oben: Dieser kleine Igel hatte sich in einem Eisbecheraufsatz verfangen und wurde ins Igelzentrum gebracht.

Unten: Igel können sich in Abfallsäcken verkriechen. Diese sollten deshalb nicht zu früh vor der Abfuhr ungeschützt auf die Straße gestellt werden.

Liegengelassener Abfall

Achtlos weggeworfener und liegengelassener Müll kann für Igel und andere Wildtiere zu einer tödlichen Gefahr werden. Beispiele hierfür sind Büchsen, Joghurtbecher und große Eisbecher mit ihren Aufsätzen. Wenn die Tiere die leckeren Überreste auflecken wollen und ihren Kopf hineinstecken, können sie ihn danach wegen ihrer Stacheln nicht mehr selber hinausziehen. Außerdem stellen die scharfkantigen Ränder von Aluminiumdosen und Glasscherben eine Verletzungsgefahr dar. Weiterhin können sich Igel – und auch andere Tiere – in weggeworfenen Plastiktrageringen für Getränkegebinde, Schnüren und Folien (z. B. für Heu- und Strohballen) sowie Fischernetzen und Angelschnüren verheddern und so ersticken oder sich schwer verletzen. Wenn sie nicht gleich sterben, laufen die unglücklichen Tiere Gefahr, leichter Beute von Fressfeinden zu werden. Weitere Gefahren gehen von Verhungern,

Verdursten sowie Mangel- und Vergiftungserscheinungen aus, wenn Abfall gefressen wird und sich dieser im Magen-Darm-Trakt der Tiere ansammelt. In Deutschland, Österreich und der Schweiz landen jährlich Tausende Tonnen Kunststoff in den Böden und in den Gewässern. Selbst wenn die Abfallstücke nicht gefressen werden und auch sonst keinen direkten Schaden anrichten, dauert es wahrscheinlich Jahrzehnte, Jahrhunderte oder sogar Jahrtausende, bis Plastik & Co. vollständig abgebaut sind. Bei diesem Abbau entstehen kleine Plastikstücke (Mikroplastik), deren Einfluss auf Mensch und Tier noch nicht abzuschätzen ist. Bei Plastikabfall gilt also: Abfall nicht in der Umwelt deponieren sowie gegebenenfalls Abfall aufsammeln und im nächsten Abfalleimer entsorgen, auch wenn er nicht von Ihnen stammt.

Volle Abfallsäcke mit Haushaltsmüll sollten nicht über lange Zeit am Boden stehend im Freien deponiert werden. Igel können die für sie verführerisch riechenden Säcke aufbeißen und hineinkriechen, sodass sie dann unter Umständen mitsamt des Abfalls in die Entsorgungsstelle abtransportiert werden. Falls sich größere Tiere wie Füchse oder Dachse über die Abfallsäcke hermachen, ist auf der Straße verteilter Müll außerdem quasi programmiert.

Haustiere

Hunde können einem erwachsenen und gesunden Igel normalerweise nichts anhaben. Junge und geschwächte Igel, deren Einkugelungsmechanismus (noch) nicht ideal funktioniert, können aber von Hunden schwer verletzt werden. Hunde sollten deshalb bei Dunkelheit an der Leine geführt und auch beim Herumtollen im Garten beaufsichtigt werden. Findet die Fütterung von Hunden und Katzen im Freien statt, sollten Sie darauf achten, dass in der Nacht kein Futter draußen stehen bleibt, um keine Igel und andere Wildtiere wie Füchse und Ratten anzulocken. Zum einen besteht an solchen Futterstellen das Risiko von Krankheitsübertragungen, zum anderen sollte eine Gewöhnung von Wildtieren an den Menschen verhindert werden.

Störung von Igelnestern während Arbeiten im Garten

Igel wählen oft störungsarme Orte als Tagesschlafplätze und zum Aufziehen der Jungen aus. Manchmal kommt es aber vor, dass die Schlaf- und Jungenaufzuchtorte nicht so günstig gewählt sind und die Igel beim Hervorholen oder Aufräumen von Gartenutensilien und Möbeln gestört werden. Haben Sie bei den Gartenarbeiten versehentlich einen Igel in seinem Tages- oder Winterschlaf gestört oder sogar ein Nest mit Jungen abgedeckt, sollten Sie dieses möglichst schnell und vorsichtig wieder zudecken und in Ruhe lassen. Falls Sie ein Igelnest mit Jungen abgedeckt haben, beobachten Sie aus der Ferne, wie sich die Mutter verhält. Falls die Mutter zur Zeit der Störung anwesend war, wird sie vielleicht damit beginnen, das Nest wieder aufzubauen oder sie zügelt die Jungen in ein neues Nest. Sind die Jungen noch

ganz klein, kann es jedoch vorkommen, dass die stark gestresste Mutter diese tötet und frisst. Lassen sie die Mutter mit den Jungen aber auf jeden Fall in Ruhe und greifen Sie nur ein, falls Sie Igelsäuglinge außerhalb des Nestes ohne die Mutter vorfinden. In diesem Fall ist die Wahrscheinlichkeit groß, dass die Jungen vewaist sind.

Katzen- und Wildtierabwehrgeräte

Im Handel sind Geräte erhältlich, die dazu dienen, unliebsame Gertenbesucher, wie beispielsweise Katzen oder Marder, zu vertreiben. Diese Geräte nehmen über einen Sensor sich bewegende, warme Objekte in ihrer Umgebung war und stoßen daraufhin Töne im Ultraschallbereich aus, durch welche die Katzen vertrieben werden sollen. Da viele unserer wilden Säugetiere, so auch Igel, in einem ähnlich hochfrequenten Bereich wie Katzen hören können, sind diese Geräte wahrscheinlich auch für diese wilden Gartenbesucher störend oder gar abschreckend. Die tatsächlichen Auswirkungen sind noch nicht gut erforscht. Es ist jedoch anzunehmen, dass die Nahrungssuche, die bei Igeln außer über den Geruchssinn auch über den Gehörsinn funktioniert, und die auf Lauten basierende Kommunikation zwischen Igelmüttern und ihren Kindern durch die Katzenabwehrgeräte beeinträchtigt werden könnte. Vom Einsatz solcher Geräte ist daher eher abzuraten. Eine sinnvolle Alternative kann der Einsatz von ähnlich funktionierenden Geräten sein, die anstatt eines hochfrequenten Tones über einen angehängten Gartenschlauch Wasser in die Richtung des «Eindringlings» spritzen.

Für einen gesunden, erwachsenen Igel sind Hunde kaum eine Gefahr, für Jungigel und geschwächte Tiere hingegen schon. Deshalb sollten Hunde in der Dämmerung und bei Nacht an die Leine genommen werden.

4.3 Igel fördern – Was kann ich tun?

Im Folgenden werden wir aufzeigen, was Sie neben der bereits beschriebenen Eliminierung von Gefahren aktiv für die Förderung der Igel im eigenen Garten oder im Quartier tun können. Igel fördern ist mit nur wenig Aufwand sehr gut möglich, denn oft ist weniger mehr.

Wenn Sie die eigene Umgebung igelfreundlich gestalten möchten, hilft es im Hinterkopf zu behalten, welche Eigenschaften einen geeigneten Igel-Lebensraum ausmachen. Mit den Fördermaßnahmen, die wir im Folgenden vorschlagen, fördern Sie aber nicht nur die Igel, sondern viele verschiedene Wildtiere, die dem Igel beispielsweise als Nahrung dienen. Die wichtigsten Punkte sind:

- Die Zugänglichkeit des Lebensraums (beispielsweise des Gartens). Das bedeutet, dass Hecken durchlässig sind, Zäune Durchschlupfe haben, Mauern ein Loch oder eine «Igeltreppe» haben usw.
- Der Lebensraum bietet Igeln natürlich vorkommende Nahrung und Wasser zum Trinken. Gute Igellebensräume sind daher auch gute Lebensräume für eine Vielzahl von Wirbellosen.
- Es sind Versteckplätze (z. B. Asthaufen und Hecken) und Polstermaterial (Laub) vorhanden, welche die Igel als Versteck vor Feinden, für den Tages- und Winterschlaf sowie für die Jungenaufzucht nutzen können.

Allgemein gilt für alles im Folgenden Beschriebene: Igel sind Wildtiere und kommen normalerweise sehr gut ohne menschliche Hilfe zurecht. Dies gilt selbst in Städten, die uns manchmal zu unnatürlich scheinen, als dass sie gute Lebensräume für Wildtiere sein können. Bemühungen zur Förderung von Igeln und anderen Wildtieren sollten sich deshalb vor allem auf die Verbesserung der Lebensbedingungen konzentrieren. Das Aufgreifen und Einfangen von Igeln ist in Deutschland, Österreich und der Schweiz von Gesetzes wegen verboten.

Wir schreiben im Folgenden oft von einem «idealen Lebensraum». Igel sind jedoch richtige Opportunisten, was bedeutet, dass die Tiere die für sie verfügbaren Lebensräume so gut sie können ausnutzen. Daher werden die Igel auch auf den ersten Blick wenig geeignete Strukturen als Verstecke nutzen (z. B. aufgeschichtete Autoreifen) oder auf englischem Rasen nach Nahrung suchen.

Mut zur Wildnis

Im eigenen Garten ist die Igelförderung sehr einfach. Das übergeordnete Motto hierbei lautet: «Mut zur Wildnis!» Lassen Sie wenn möglich der Natur in einigen Ecken Ihres Gartens freien Lauf: Igel lieben wilde Ecken, in denen sie sich tagsüber verkriechen können und wo sie nachts dank einer großen Insektenvielfalt ausreichend Futter finden. Zu stark gepflegte

1. Durchlässige Zäune und Mauern zwischen Grundstücken
2. (Gemeinschafts-)Kompost
3. Abgedeckte oder mit Ausstiegshilfen versehene Schächte, Treppen und Schwimmbäder/Teiche
4. Blumenrasen oder -wiese
5. Asthaufen/Steinhaufen
6. Bäume, Büsche und Hecken
7. Unversiegelte Flächen (Schotter, Pflastersteine, Platten)
8. Verzicht auf synthetische Dünger & Pestizide
9. Naturnah gepflegte öffentliche Grünräume

Diese schematische Darstellung zeigt Beispiele für einen naturnahen und igelfreundlichen Außenraum.

Ein Asthaufen kann in einer Ecke des Gartens aufgeschichtet werden, um Igeln ein Versteck zu bieten.

Gärten bieten den Wildtieren kaum Nahrung und Versteckmöglichkeiten und sind deshalb für Igel weniger interessant. Das bedeutet konkret:

- Schneiden Sie dichte Hecken und Gebüsche nicht allzu drastisch zurück, vor allem nicht die bis zum Boden reichenden Äste. Lassen Sie in Randbereichen z. B. Efeu ranken und Brennnesseln oder verschiedene Wildstauden wie Geißbart, Mädesüß oder Waldweidenröschen wachsen. Solch geschützten Orte bieten Igeln einen Unterschlupf, wo sie sich vor Fressfeinden verstecken können.
- Lassen Sie in einer Ecke lose Haufen aus Ästen, Wurzeln, Reisig, Holzbrettern und Steinen herumliegen. Oder legen Sie einen langlebigeren Asthaufen an. Diesen nutzen die Igel als Tagesschlafplätze oder Winterschlafnester (siehe Input «Igelverstecke selber anlegen»).
- Lassen Sie im Herbst die Blätter unter Sträuchern liegen oder rechen Sie sie zu Haufen zusammen, welche Sie mit Ästen beschweren können. Igel nutzen das Laub gerne, um ihr Nest auszupolstern. Lassen Sie im Herbst die Samenstände und in Randbereichen das Gras stehen. Sie dienen vielen Insekten und deren Larven als Überwinterungsgelegenheit.

Solche Strukturen bieten nicht nur den Igeln gute Versteckmöglichkeiten, sondern auch den Beutetieren der Igel einen Lebensraum und Nahrung, was sich wiederum positiv auf die Igel auswirkt. Dies bedeutet allerdings nicht, dass Sie den ganzen Garten «verwildern» lassen müssen. Es reicht, bestimmte Bereiche etwas wilder wachsen zu lassen, während Sie andere Teile intensiver pflegen und nutzen, beispielsweise zum Entspannen oder für Spiel und Sport. Ein naturnaher Garten kann also durchaus von großem Nutzen für Wildtiere und Pflanzen sein und dennoch funktional bleiben. Naturnahe Gärten sind dabei gerade auch für Kinder interessant, um die Natur zu entdecken und zu erleben.

Unter dem Strich bedeutet der igelfreundliche Garten also sogar weniger Aufwand, auch finanziell. Selbst wenn Sie sich nicht sicher sind, ob tatsächlich ein Igel Ihren Garten nutzt, bietet ein igelfreundlicher Garten vielen anderen Wildtieren einen Lebensraum.

Vielfältige Gärten bieten eine breite Futterpalette

Detaillierte Tipps zur Neuanlegung, Gestaltung und Pflege eines naturnahen Gartens (auch Naturgarten genannt), würden den Rahmen dieses Buches sprengen, da es vieles zu berücksichtigen gilt, beispielsweise die Lage des Gartens und dessen Bodenbeschaffenheit. Wir empfehlen Ihnen daher, sich diesbezüglich an die vielfältig vorhandene Fachliteratur oder Fachpersonen für Naturgärten zu wenden (siehe Kapitel «Weiterführende Literatur»). Ganz allgemein lässt sich jedoch sagen: Je mehr verschiedene Lebensraumtypen vorhanden sind, desto höher ist die Biodiversität (siehe Input «Was ist Biodiversität und wieso ist sie wichtig?»). Das liegt daran, dass verschiedene Pflanzen und Tiere unterschiedliche Ansprüche an ihren Lebensraum haben und mehr unterschiedliche Lebensräume also mehr Arten fördern. Ein gutes Beispiel dafür sind die verschiedenen Futtertiere der Igel: Regenwürmer *(Lumbricatus terrestris)* leben in den Böden der Wiesen und fressen dort vermodernde Pflanzenteile. Ohrwürmer *(Forficula auricularia)* hingegen bevorzugen Lebensräume mit Schlupfwinkeln, beispielsweise Hecken, und fressen sowohl pflanzliche als auch tierische Nahrung. Sind also in einem Garten sowohl Wiesen oder Blumenrasen als auch strukturreiche Hecken vorhanden, werden sowohl Würmer als auch Ohrwürmer und viele weitere Wirbellose gefördert, was wiederum den Igeln und anderen Wirbeltieren zugutekommt. Die Pflege der verschiedenen Lebensräume ist unterschiedlich aufwendig und es erfordert bisweilen sehr viel Geduld, bis sich das gewünschte Ergebnis einstellt.

Naturgärten (links und Mitte), selbst mitten in der Stadt, bieten vielen Pflanzen und Tieren einen Lebensraum, während artenarme Gärten (rechts) nur eine Handvoll Arten beherbergen.

Input

Igelverstecke selber anlegen

Um den Tag zu verschlafen, die Jungen aufzuziehen oder Winterschlaf zu halten, brauchen Igel Rückzugsmöglichkeiten. Auch hier ist es relativ einfach, den Tieren etwas unter die Ärmchen zu greifen, obwohl nicht garantiert werden kann, dass dann auch tatsächlich ein Igel einzieht. Unterschlüpfe können auch anderen Wildtieren, beispielsweise Insekten, Spinnentieren, Eidechsen, Blindschleichen, Kröten, Molchen und überwinternden Fledermäusen einen Lebensraum bieten.

- **Asthaufen und Laubhaufen** aufschichten: Wichtig ist dabei, unten einen Hohlraum auszusparen, wo Igel ihr Nest auspolstern können. Am besten wechseln sich Schichten mit dicken Ästen und solche mit dünneren Ästen oder Laub ab, um den Haufen möglichst gut abzudichten. Ast- und Laubhaufen müssen regelmäßig aufgestockt werden und nach ein paar Jahren neu aufgebaut werden, um ein optimales Versteck zu bieten (Anleitung auf der nächsten Seite).
- **Steinhaufen** aufschichten: Damit Steinhaufen für Igel Verstecke bieten, müssen darin größere Hohlräume vorhanden sein.
- Ein **Brett oder Wellblech** schräg an Hauswand/Mauer gelehnt oder ein Korb oder ein anderer Behälter umgekippt – schon entsteht ein Igelversteck. Es kann Laub oder Stroh darunter gestopft werden, die Igel schaffen das Nestmaterial aber auch selbstständig herbei. Achten Sie aber darauf, dass der umgekippte Behälter nicht zur Falle für Wildtiere wird.
- Zugänglich gemachte **Hohlräume unter Holzbeigen und Bretterstapeln sowie Treppen und Gartenhäuschen** sind äußerst beliebte Igelverstecke. Diese Verstecktypen haben den Vorteil, dass sie sehr stabil und in den meisten Fällen komplett regengeschützt sind.
- Handelsübliche oder selbst gebaute **Igelschlafhäuschen («Igelvillen»)** werden auch gerne angenommen. Hier sollte der Hohlraum eine Mindestgröße von 30 × 30 × 30 cm nicht unterschreiten. Außerdem gibt es gewisse Varianten mit einem marder- oder katzensicheren Eingang.

Beim Einrichten eines solchen Versteckes sollen Sie auf einige allgemeine Punkte achten:

- Das Versteck sollte möglichst **regen-** und **schneesicher** sein. Aufgrund der fehlenden Haare unter den Stacheln kühlen Igel schneller aus als andere Säugetiere und sind daher auf trockene Verstecke angewiesen.
- Das Versteck, vor allem ein Winterschlafplatz, sollte **nicht direkt von der Sonne angestrahlt** werden, da sonst die Igel zu früh aus dem Winterschlaf erwachen könnten. Optimal sind schattige Orte.
- An und in Schlafquartieren sollte nicht gefüttert werden.

Anleitung zum Aufbau eines Ast-Laubhaufens

(Die Anleitungen stammen vom Igelzentrum Zürich; © Igelzentrum Zürich)

Der zentrale Hohlraum des Asthaufens kann aus großen, kreuzweise geschichteten Spalthölzern, Ästen, Stämmen oder Kanthölzern (um 1 Meter lang) gezimmert werden, abgedeckt mit kürzeren Hölzern, Ästen oder Brettern. Der Hohlraum sollte etwa 30 × 30 × 30 cm groß sein.

Ein solcher Hohlraum ist wichtig, damit der Ast-Laubhaufen nicht mit der Zeit in sich zusammensinkt und für die Igel undurchdringbar wird. Der Hohlraum wird anschließend mit reichlich Laub abgedeckt und mit Tannenzweigen oder anderen Ästen beschwert.

Detaillierte Anleitungen für den Bau von Ast- und Steinhaufen sowie Igelhäuschen finden Sie zum Beispiel über die Webseiten des Igelzentrums Zürich und von Pro Igel Deutschland.

Weitere Beispiele für Igel-Unterschlüpfe

Igel nutzen Hohlräume jeglicher Art als Unterschlupf. Gekaufte oder selbst gezimmerte «Igelvillen» werden ebenso angenommen wie Hohlräume unter Holz- und Ziegelsteinbeigen oder Gartenhäuschen, an die Wand gelehnte Wellbleche, Bretter oder Steinhaufen.

Lokal angepasste Pflanzen punkten

Setzen Sie auf einheimische Pflanzen. Die lokale Tier- und Pflanzenwelt ist durch Jahrtausende der gemeinsamen Evolution gut aufeinander abgestimmt. Diese Abstimmung fehlt gebietsfremden Arten (Exoten oder auch Neophyten genannt) weitgehend. Ähnliches gilt auch für «gefüllte» Blüten, also Pflanzenzüchtungen, bei denen die Pollen und Nektar führenden Organe für Insekten nicht mehr zugänglich sind (z. B. viele Rosensorten), oder für sterile Hybridsorten, die keine oder nur sehr wenigen Pollen und Nektar führende Organe besitzen. Ein Beispiel ist die bei uns beliebte und häufige Forsythie (*Forsythia × intermedia*), eine Hybride aus zwei anderen Forsythien-Arten aus China. Im frühen Frühjahr blüht sie wunderschön, bietet den meisten Insekten jedoch keine Nahrung. Die Insekten werden aber trotzdem durch die leuchtend gelben Blüten angezogen, also von den tatsächlich Nahrung spendenden Pflanzen abgelenkt. Da Nahrung in dieser Jahreszeit eher rar ist, kann dies für die Tiere zum Problem werden. Ein ebenso früh und gelb blühender Strauch, welcher im Gegensatz zur Forsythie den Insekten eine Nahrungsquelle bietet, ist die Kornelkirsche *(Cornus mas)*. Mit ihren nektar- und pollenreichen Blüten bietet sie frühe Insektennahrung, und im Herbst werden ihre Beeren von vielen Tieren als Nahrung geschätzt.

Problematik der invasiven Neophyten

Zum verringerten Nahrungsangebot für Insekten kommt noch dazu, dass sich einige Neophyten zum Problem entwickeln können, wenn sie anfangen sich unkontrolliert auszubreiten und anderen Pflanzen den Lebensraum zu nehmen (sogenannte «invasive» Neophyten). Zu diesen gehört z. B. der Sommerflieder *(Buddleja davidii)* und der Kirschlorbeer *(Prunus laurocerasus)*, beides häufig eingesetzte Pflanzen in unseren Gärten. Obwohl gerade der Sommerflieder als typische Schmetterlingspflanze gilt, ist seine Ausbreitung doch eher problematisch: Der Sommerflieder ist dominant gegenüber anderen Pflanzenarten und verdrängt einheimische Pflanzen. Gleichzeitig bietet sein Nektar nur wenigen Generalisten unter den Insekten Nahrung. Als Futterpflanzen für die Raupen der Schmetterlinge sind die Blätter des Sommerflieders ungeeignet. Die Schmetterlingsraupen sowie Nahrungsspezialisten, also die Mehrzahl der Schmetterlingsarten, brauchen also die einheimischen Pflanzenarten, welche vom Sommerflieder verdrängt werden. Obwohl diese und andere invasive Arten gebietsweise ein Problem darstellen, sind nicht alle Neophyten per se negativ zu bewerten. Man braucht auch in einem naturnahen Garten nicht auf exotische Pflanzen zu verzichten. Die Japanische Blütenkirsche, die Glyzine oder viele Heilkräuter wie Thymian oder Lavendel sind Beispiele für nicht einheimische Pflanzen, die auch den Wildtieren Nahrung und einen Lebensraum bieten können.

Die Forsythie (*Forsythia × intermedia*) (oben) ist ein Beispiel einer beliebten Gartenpflanze, die im frühen Frühjahr wunderschön blüht, für Insekten jedoch wertlos ist, weil sie aus den Blüten keine Nahrung holen können. Ein für Insekten wertvollerer, ebenso früh und gelb blühender Strauch ist die Kornelkirsche *(Cornus mas)* (unten). Dieser hat zusätzlich noch den Vorteil, dass die Beeren im Herbst vielen Tieren eine Nahrungsquelle bieten und sich auch von uns Menschen zu leckeren Konfitüren und Gebäck verarbeiten lassen.

Der Kirschlorbeer *(Prunus laurocerasus)* (links oben) stammt ursprünglich aus Anatolien und ist eine beliebte Gartenpflanze. Sie hat jedoch das Potenzial, sich unkontrolliert auszubreiten und andere Pflanzen zu verdrängen. Als wertvolle Alternative für Wildtiere bietet sich der Schwarzdorn/Schlehdorn *(Prunus spinosa)* als Heckenpflanze an (links und rechts unten). Im Frühling bieten die Blüten einer Vielzahl von Insekten eine Nahrungsquelle und im Herbst sind seine Früchte allseits beliebt, auch bei Menschen. Außerdem bieten seine stacheligen Äste Vögeln einen guten Schutz, zum Beispiel vor Katzen. Wintergrüne Alternativen sind Stechpalme, Eibe und Efeu. Besonders Efeu *(Hedera helix)* (oben rechts) bietet gute Versteckmöglichkeiten für Igel, aber auch für verschiedenste Vögel und andere Wildtiere. Daneben bieten die spät blühenden Blumen und früh reifen Beeren vielen Insekten und Vögeln eine wichtige Nahrungsquelle.

Lokales Saatgut verwenden

Auch bezüglich der Wahl und Aussaat oder Pflanzung geeigneter, einheimischer Pflanzen für verschiedene Standorte und Bedürfnisse raten wir Ihnen, Fachliteratur oder Fachpersonen zu konsultieren, da hier eine detaillierte Besprechung nicht möglich ist. Allgemein gilt jedoch: Achten Sie beim Neukauf von Saatgut, Setzlingen und Pflanzen darauf, dass sie aus biologischer Produktion stammen. Diese sind nicht mit synthetischen Pestiziden behandelt worden, welche Insekten schädigen können. Achten Sie weiterhin auf eine lokale Herkunft des Saatgutes und der Pflanzen. Lokale Varietäten von einheimischen Pflanzen sind besser an die regionalen Gegebenheiten angepasst und deshalb robuster als Pflanzen aus anderen Ecken Europas – wenngleich von derselben Art. Versuchen Sie, große, alte Bäume, Hecken, Sträucher und Stauden zu erhalten und Früchte und Dornen tragende Gehölze (z. B. Liguster, Weißdorn, Schwarzdorn, Kreuzdorn, Hundsrose, Holunder, Haselnuss, Mehlbeere, Walnuss, Kirsche, Schneeball) zu fördern. Diese dienen verschiedenen Wildtieren als Nahrungsgrundlage und zum Schutz und kommen so auch Igeln zugute. Weiterhin ist es gerade für viele Insekten von Vorteil, wenn Sie verschiedene Pflanzenarten einsetzen und diese so auswählen, dass vom Vorfrühling bis in den Spätherbst hinein Blüten und Früchte (inklusive Nüsse und Beeren) zur Verfügung stehen. Auch bei der Wahl der Pflanzen gilt also: Je mehr Biodiversität, desto besser (siehe Input «Was ist Biodiversität und wieso ist sie wichtig?»).

Pestizide am besten ganz vermeiden

Wie im Abschnitt «Fallen und Gefahren für Igel erkennen und beheben» beschrieben, ist der Kenntnisstand über mögliche negative Einflüsse von synthetischen Pestiziden auf Igel und andere Tiere, die nicht deren Zielarten sind, nur ungenügend erforscht und deshalb umstritten. Trotzdem oder gerade deshalb sollte, wenn immer möglich, auf den Einsatz dieser Mittel verzichtet werden. Verwenden Sie gegen unliebsame Gartengäste stattdessen lieber ungiftige Mittel. Setzen Sie auf die Förderung von Nützlingen, wie z. B. Meisen, Marienkäfer und Florfliegen gegen Läuse oder Igel, Spitzmäuse, Vögel, Amphibien, Blindschleichen, verschiedene Insekten und Spinnentiere gegen gefrässige Schnecken. Grundsätzlich gedeihen diese und andere Wildtiere in naturnahen Gärten, wohingegen Pestizide auch diesen «Nützlingen» schaden. Gerade bei Schnecken wird dies deutlich: Nur wenige Arten von Nacktschnecken, insbesondere die Spanische Wegschnecke *(Arion vulgaris)*, können unseren Kultur- und Zierpflanzen erheblichen Schaden zufügen. Die meisten anderen Schneckenarten stellen hingegen kein Problem für unsere Gärten und die Landwirtschaft dar, weil sie kein frisches Pflanzenmaterial fressen. Im Gegenteil: Schnecken sind wichtige Glieder in der Nahrungskette und als Zersetzter von totem Pflanzenmaterial, Kot und Aas wichtige Glieder des natürlichen Nährstoffkreislaufes. Schneckengifte wirken jedoch auf alle Schnecken negativ und töten auch die unproblematischen und nützlichen Arten.

Mähen und Düngen mit Maß

Igel jagen gerne auf kurzgeschnittenen Wiesen und Rasen. Sogenannte Zierrasen oder «englische Rasen», welche nur aus wenigen Arten von Gräsern bestehen, sind jedoch keine geeigneten Jagdgebiete, weil sie nur wenigen Kleinlebewesen und nur saisonal einen Lebensraum und keine Deckung für die Igel bieten. Blumenrasen und Blumenwiesen bieten reichhaltigere Lebensräume und Nahrungsgrundlagen.

Blumenrasen sind quasi ein Mittelding zwischen Zierrasen und Blumenwiesen. Sie zeichnen sich durch verschiedene, niederwüchsige Blütenpflanzen aus, sind also artenreicher als Zierrasen und bieten damit verschiedenen Wildtieren eine vorteilhaftere Lebensgrundlage. Blumenrasen entstehen von selbst, sobald man damit aufhört, jedes «Unkraut» im Zierrasen zu tilgen und regelmäßig zu düngen. Sie wachsen langsamer als Zierrasen und müssen deshalb weniger oft gemäht werden. Trotzdem sind sie relativ robust und können gut für Sport und Spiel genutzt werden. Außerdem sind sie mit ihren vielen bunten Blumen eine Augenweide. Igel und verschiedene andere Wildtiere jagen besonders gerne auf solchen nicht allzu hohen, jedoch artenreichen Rasen.

Blumenwiesen zeichnen sich durch eher hochwüchsige Pflanzen aus und sind in der Regel um ein Vielfaches artenreicher als Rasen. Solch artenreiche Blumenwiesen stellen also besonders reichhaltige Lebens- und Nahrungsgrundlagen für verschiedenste Wildtiere dar. Wiesen auf nährstoffarmen Böden sind oft besonders artenreich. Es kann jedoch Jahre dauern, bis die überschüssigen Nährstoffe im Boden abgebaut sind, wenn der Ausmagerung des Bodens nicht mit Sand und Kies nachgeholfen wird. Blumenwiesen sollten nur selten gemäht werden; ein- bis zweimal pro Jahr reicht aus, um eine Verbuschung zu verhindern. Mähen Sie wenn möglich nach dem Versamen der Pflanzen.

Für das Mähen von Blumenrasen und -wiesen gilt: Lassen Sie jeweils abwechselnd einige Teile des Rasens oder der Wiese stehen, sodass immer Rückzugsmöglichkeiten für die ansässigen Wildtiere bestehen bleiben. Verwenden Sie wenn möglich schonende Methoden für die Mahd, beispielsweise eine Sense oder einen Balkenmäher. Rasenmäher sollten so hoch eingestellt werden wie möglich, damit sich die Kräuter gut erholen können und die bodennah lebenden Spinnentiere und Insekten sowie deren Larven geschont werden. Wenn möglich sollte das Schnittgut abgeführt werden, z. B. auf den Kompost, um den Boden auszumagern und so den Artenreichtum zu fördern. Allenfalls kann das Schnittgut einen halben bis wenige Tage liegen gelassen werden, damit sich die darin befindlichen Tiere noch in Sicherheit bringen und allfällige Samen von den Pflanzen abfallen können. Blumenrasen und -wiesen sollten auch bei Trockenheit nicht bewässert werden: Absterbende Pflanzen schaffen Platz für neues, junges Grün.

Was bezüglich Düngen für Blumenrasen und -wiesen gilt, ist auch für den Rest des Gartens geboten: Setzen Sie Dünger nur sehr sparsam ein und verwenden Sie wenn möglich organischen Dünger wie Kompost, Gesteinsmehl oder Rindenmulch, oder setzen Sie auf

Gründüngung mit Leguminosen (z. B. Klee). Synthetische Dünger können bei unsachgemäßer Anwendung Boden und Gewässer beeinträchtigen und sind außerdem in der Herstellung sehr energieaufwendig. Sie sollten deshalb gemieden werden. Gut zugängliche Komposthaufen, welche für die organische Düngung eingesetzt werden können, sind übrigens sehr beliebte Igel-Anlaufstellen für die Suche nach sich dort aufhaltenden Insekten, saftigen Engerlingen und Würmern.

Wüsten vermeiden

Ruderalflächen sind brachliegende, humusarme Böden aus Sand, Kies und Schotter, beispielsweise Kiesplätze oder auch die Fugen und Ritzen zwischen Pflastersteinen und an Steinmauern ohne Mörtel (quasi vertikale Ruderalflächen) und Ähnlichem. Sie sind sehr nährstoffarm und deshalb oft besonders artenreich, wobei auch seltene Arten in solchen Lebensräumen vorkommen. Solche Ruderalfächen sollten jedoch nicht mit Schotter- oder Steingärten verwechselt werden, die im Moment gerade groß in Mode sind. Um zu vermeiden, dass auf solchen Flächen «Unkräuter» wachsen, werden solchen Steingärten oft Folien unterlegt und nur ausgewählte (Zier-)Pflanzen dürfen auf ihnen wachsen. Da Igel und die meisten anderen Wildtiere auf solchen Flächen weder Nahrung noch Versteckplätze finden, sind Steingärten regelrechte Wüsten. Das Versiegeln von Flächen mit Asphalt sollte aus denselben Gründen und zur Verbesserung des Wasserhaushaltes und des Mikroklimas vermieden werden.

Die Artenvielfalt der enthaltenen Pflanzen nimmt von Zierrasen (oben) zu Blumenrasen bis zur Blumenwiese (unten) zu und mit der Artenvielfalt steigt auch der Wert dieser «Grünflächen» als Nahrungsgrundlage und Lebensraum für verschiedenste Wildtiere.

Steingärten (links oben) werden oft mit Folien unterlegt (links unten), um das Wachstum von unerwünschtem «Unkraut» zu verhindern. Solche Gärten haben nur einen sehr geringen Wert für Wildtiere, weil sie weder Nahrung noch Versteckmöglichkeiten bieten. Kiesplätze und Ruderalflächen ohne solche Folien sind hingegen oft sehr reich an verschiedenen Pflanzarten und bieten vielen Wildtieren eine geeignetere Lebensgrundlage (rechte Seite).

Barrierefreiheit für Igel

Menschlich geprägte Lebensräume gleichen durch die an unsere eigenen Dimensionen angepassten Strukturen einem Hindernislauf für Igel. Die Tiere versuchen generell Hindernisse zu umgehen, sich unter Zäunen hindurchzuquetschen und über Absätze hinweg zu klettern. Auch hier kann man mit einfachen Mitteln den Igeln das Leben erleichtern und vielleicht sogar ganz neue Lebensräume für die Stacheltiere erschließen.

Reichen Gartenzäune bis zum Boden, können Sie beispielsweise einen Durchschlupf hineinsägen oder -schneiden oder Maschendraht etwas aufbiegen. Als «Faustregel» – im wahrsten Sinne des Wortes – gilt dabei: Jeder Durchschlupf der mindestens so hoch ist wie die geballte Faust einer erwachsenen Person, ist selbst für den größten Igel passierbar (circa 10 × 10 Zentimeter). Wenn Sie gleichzeitig andere Tiere wie Katzen und Hunde von Ihrem Garten fernhalten möchten, können Sie auch einen kleinen, einfachen Tunnel anbringen, bei dem der Ein- und der Ausgang auf derselben Längsseite oder über Kreuz an der jeweils gegenüberliegenden Längsseite liegen. Dadurch ist der Ausgang vom Eingang her nicht einzusehen. Katzen und Hunde passieren Tunnel in der Regel nicht gerne, wenn sie den Ausgang auf der anderen Seite nicht sehen können, wohingegen das für Igel kein Problem ist. Achten Sie beim Anbringen von Durchschlüpfen darauf, dass sie nicht in Richtung einer Straße liegen. Hohe Absätze und Treppenstufen können Sie beispielsweise mit Backsteinen oder Holzscheiten als Zwischenstufen für Igel passierbar machen. Als «Handregel» hierbei gilt: Ein erwachsener Igel kann die Höhe einer gespreizten Hand einer erwachsenen Person überwinden (circa 15–20 Zentimeter). Für Jungigel müssten noch weitere Zwischenstufen eingebaut werden.

Wasser hilft im trockenen Siedlungsgebiet

Siedlungsgebiete, der hauptsächliche Lebensraum der Igel, sind oft sehr trockene Gegenden. Flüsse und Bäche sind eingedolt und das Regenwasser fließt über die versiegelten Flächen schnell ab, sodass es für Wildtiere nicht mehr zugänglich ist. Besonders in den heißen Sommermonaten kann es deshalb sinnvoll sein, eine flache Schale mit Wasser in den Garten zu stellen, an der Igel und andere Tiere ihren Durst stillen können. Hierbei ist zu beachten, dass die Schale aus einem schweren Material (z.B. Keramik) gefertigt oder mit einem Stein beschwert werden sollte, um ein Umkippen zu verhindern. Wechseln Sie das Wasser wenn möglich täglich, da Fäkalien es schnell verschmutzen und auch Parasiten und Krankheiten übertragen werden können. Das gut gemeinte Angebot schadet sonst mehr als es nützt. Dazu kommt noch, dass Stechmücken solche stehenden kleinen Gewässer gerne zur Eiablage benutzen und das regelmäßige Schrubben der Innenränder der Wasserschale die Eier entfernt.

Um herauszufinden, ob Ihr Garten für Igel barrierefrei ist, können Sie die Faust- und Handregel einsetzen: Die Faustregel besagt, dass sich Igel gut unter ungefähr 10 Zentimeter langen und 10 Zentimeter breiten Spalten hindurchquetschen können – also ungefähr die Dimension der Faust eines Erwachsenen (oben links). Die Handregel besagt, dass die Igel gut Hindernisse von 15–20 Zentimetern Höhe überwinden können – also ungefähr die Länge einer gespreizten Hand (Mitte links). Um Igeln zu helfen, können Sie engere Durchschlüpfe und höhere Absätze mit einfachen Mitteln (z. B. einem Tunnel oder zusätzlichen Absätzen) passierbar machen (rechts).

Verspricht der Garten dahinter auch noch so saftige Würmer und Käfer, solche Verbauungen machen es für Igel unmöglich hineinzugelangen (oben links).

Um den Igeln Einlass in den eigenen Garten zu gewähren aber gleichzeitig zu verhindern, dass auch Katzen und kleine Hunde hineingelangen, kann man Durchschlüpfe mit einem Knick anbringen. Katzen und Hunde passieren solche Tunnel normalerweise nicht, wenn sie den Ausgang auf der anderen Seite nicht sehen können (unten links).

Ein kleiner Durchlass im Gartentor reicht, um den geln einen Zugang zum Garten zu ermöglichen rechts oben und rechts unten).

Zufütterung vermeiden, dafür Trinkgelegenheiten anbieten

Im Normalfall ist es nicht nötig, Igel zu füttern. Die Tiere sind gut an ihren Lebensraum angepasst und finden sich alleine zurecht. In Ausnahmefällen kann es jedoch angebracht sein, einem Igel etwas Futter bereitzustellen. Es sollte aber auf jeden Fall zuvor eine Igelstation kontaktiert werden, um sich über Sinn, Art und Dauer der Fütterung beraten zu lassen. Jede Fütterung sollte grundsätzlich so bald wie möglich wieder eingestellt werden. Ein Ausnahmefall tritt ein, wenn man im Spätherbst oder im Frühling auf einen geschwächten Igel trifft: Nach dem Winterschlaf haben Igel einen großen Teil ihrer Fettreserven verloren (siehe Kapitel 3, «Der Winter wird verschlafen»). Wenn die Tiere Mitte März bis Mitte April aufwachen, brauchen sie also viel Futter. Trifft man einen Igel vor Anfang April an, und gibt es in dieser Zeit einen Kälteeinbruch, kann es für Igel brenzlig werden. In dieser Zeit kann es angebracht sein, Futter für die Tiere bereitzustellen. Auch wenn ab Mitte Oktober die Nächte schon sehr kalt und die Futtertiere der Igel wahrscheinlich schon sehr rar sind, kann eine Zufütterung für Jungigel unter 500–600 Gramm Gewicht angebracht sein, damit man die Chance der Tiere erhöht, bis zum Frühling zu überleben. Um das Gewicht eines Igelchens zu bestimmen, kann man es in eine Kartonschachtel setzen und mit einer Brief- oder Küchenwaage das Gewicht bestimmen. Auf keinen Fall sollte ein Igel jedoch in der Wohnung oder im Keller überwintert werden, da dies die Tiere sehr stresst. Der Winterschlaf ist eine natürliche Verhaltensweise der Igel und sollte ihnen ermöglicht werden.

Für die gezielte Zufütterung eines Igels eignet sich Katzennassfutter am besten. Ersatzweise kann auch mal Katzentrockenfutter oder handelsübliches Igelfutter angeboten werden. Pflanzliche Kost, wie zum Beispiel Brot, Rosinen, Nüsse, Kekse, Äpfel, Bananen oder Avocados, sind keine geeignete Nahrung für Igel, da der sehr einfach gebaute Magen-Darm-Trakt der Igel diese nicht verwerten kann. Gezuckerte Speisen schaden zusätzlich. Auch auf die Gabe von Milch sollte auf jeden Fall verzichtet werden, da der enthaltene Milchzucker von den Igeln nicht verdaut werden kann. Wie die Wasserschalen muss auch der Futternapf täglich gereinigt werden, um die Übertragung von Krankheiten zu verhindern.

Selbst die vermeintlich artgerechteste Fütterung mit Katzenfutter oder handelsüblichem Igelfutter ist jedoch nicht so bekömmlich und an die Bedürfnisse der Igel angepasst, wie ihre normale Nahrung. Auch kann eine zu gut gemeinte Fütterung die Igel dazu bringen, nicht in den Winterschlaf (zurück) zu gehen. Neben dem Risiko der Krankheitsverbreitung zwischen den durch das Futter angezogenen Igeln locken unsachgemäß eingerichtete Futterstellen zudem oft auch andere, eventuell ungeliebte Gäste an. Auch mit Füchsen und Dachsen, die durch die Fütterung an den Menschen gewöhnt werden, können Probleme entstehen. Werden diese Tiere zu zahm und kommen den Menschen dadurch zu nahe, müssen sie oft geschossen werden. Es sollte also darauf geachtet werden, dass das Futter nur von den Igeln erreicht werden kann. Dazu kann aus einer einfachen, umgedrehten Holz- oder Plastikkiste mit hineingeschnittenem Eingang (10 × 10 Zentimeter) ein Futterhaus gebastelt werden. Man sollte jedoch darauf achten, dass die Kiste zum Beispiel mit Steinen oder einer vollen Gießkanne gut beschwert ist, sodass sie nicht von anderen Tieren umgestoßen werden kann. Außerdem verhindert ein eingebauter Gang, der im rechten Winkel abzweigt, dass Katzen oder Hunde an das Futter kommen. Hat das Futterhaus keinen Boden, sollte es regelmäßig etwas verschoben werden, da die Igel dazu neigen, neben der Futterschale Kot abzusetzen. Hat das Futterhaus einen Boden, muss dieser regelmäßig gereinigt werden.

Als Fazit gilt also: Falls Sie einen geschwächten oder kranken Igel finden, melden Sie sich in jedem Fall bitte zuerst bei der nächsten Igel-Auffangstation. Im Input «Igelzentrum» erfahren Sie weitere Details über das Vorgehen, wenn Sie einen solchen Sorgen-Igel finden. Eine Fütterung kann mehr schaden als nützen, sollte nur in Notfällen erfolgen und dann auch so bald wie möglich wieder eingestellt werden. Es ist generell nachhaltiger und gesünder für die Igel, wenn sich unsere Anstrengungen auf die Gestaltung eines naturnahen Lebensraumes konzentrieren als auf das Zufüttern.

Im Gegensatz zur Fütterung ist es aber sinnvoll, den Igeln und anderen Wildtieren eine Trinkgelegenheit anzubieten. Siedlungsräume sind durch die vielen versiegelten Flächen und eingedolten Bäche oft trocken; offene Wasserflächen sind rar. Flache, schwere (oder beschwerte) Trinkgelegenheiten werden deswegen oft und gerne angenommen. Es sollte jedoch darauf geachtet werden, die Gefäße regelmäßig zu reinigen und das Wasser auszuwechseln (Vermeidung von Krankheitsübertragung). Solche Trinkgelegenheiten bieten auch gute Wildtier-Beobachtungsorte.

Regelmäßig gereinigte Wasserstellen sind im generell eher trockenen Siedlungsgebiet willkommene Trinkgelegenheiten für Wildtiere.

Input Naturgarten

Interview mit Christine Dobler Gross

Als «Naturgärten» werden naturnah gestaltete Außenräume bezeichnet. Das bedeutet, dass sich die Gestaltung an wilden Lebensräumen orientiert und so natürlich vorkommende Tiere und Pflanzen gefördert werden. Der Garten von Christine Dobler Gross in der Stadt Zürich ist der lebende Beweis dafür, dass die Natur nicht vor den Stadtgrenzen Halt macht. Ihre kleine Stadtwildnis pulsiert vor Leben – es summt und brummt an allen Ecken, die Luft ist erfüllt vom Duft der Kräuter und Blumen und das Auge kann sich fast nicht satt sehen an all den Farben und Formen. Auf Schritt und Tritt sichtet man neue Schätze und entdeckt Spannendes, wie z. B. eine prächtige Blume, in der sich gerade eine schillernde Holzbiene an den Pollen gütlich tut, während einen Meter daneben eine knallig gefärbte und trotzdem perfekt getarnte Krabbenspinne auf Beute lauert.

Igel waren bis vor kurzer Zeit häufige und willkommene Gäste in ihrem Garten. Seit Kurzem ist das jedoch nicht mehr so. Das liegt wahrscheinlich an der großen Bautätigkeit in der Umgebung und auch daran, dass die Nachbarn ihre Gartenzäune am liebsten «tierdicht» haben möchten. Hier könnte ein Igeltunnel Abhilfe schaffen.

Neben ihrem eigenen Naturgarten betreut Christine Dobler Gross verschiedene kommunale Projekte zur Förderung der Biodiversität im Siedlungsraum und ist auch in der Naturgartenberatung aktiv.

Oben: Bereits 68 Wildbienen- und Hummelarten haben diesen Naturgarten besucht. Hier eine Sandbiene auf einem Vergissmeinnicht.

Rechts: Igel im Naturgarten.

Warum sind Naturgärten wertvoll?

Naturgärten sind für Wildtiere und Pflanzen besonders wertvoll, wenn sie diesen nicht nur einen Lebensraum bieten, sondern auch Nahrung und Verstecke. Wichtig ist, dass die Ansprüche der Wildtiere im Garten gedeckt werden können. Eine gewisse Struktur- und Lebensraumvielfalt ist die Grundlage dafür, unterschiedlichen Arten einen Lebensraum zu bieten.

Wie ist dieser Garten entstanden? Wie aufwendig ist seine Pflege?

Als wir vor 25 Jahren hier eingezogen sind, war der Garten verwildert und hat nur einer begrenzten Anzahl Pflanzen und Tieren einen Lebensraum geboten. Wir haben durch das Einbringen verschiedenster einheimischer Pflanzen und den Bau von Strukturen wie Asthaufen, Steinhaufen und einem kleinen Teich dafür gesorgt, dass die Vielfalt der Pflanzen und Tiere größer geworden ist. In diesem Garten wurden beispielsweise bereits 68 Wildbienen- und Hummelarten nachgewiesen, darunter auch seltene, spezialisierte Arten.

Solche Gärten brauchen Zeit, um sich zu entfalten und sie entwickeln sich auch ständig weiter. Der Pflegeaufwand ist nicht immer gleich groß, jedoch allgemein überschaubar. Am meisten Zeit wende ich auf, um den Garten zu genießen und seine Bewohner zu entdecken. Denn zu entdecken gibt es immer etwas. Die Arbeit geschieht dann meist nebenbei, ist kreativ und entspannend.

Kleinstrukturen gehören in jeden Naturgarten. Hier gilt: Je mehr desto besser. Ast- und Laubhaufen (links) bieten Igeln gute Versteck- und Schlafgelegenheiten. Trockenmauern und Ruderalflächen (zum Beispiel Kiesflächen, rechte Seite oben) bieten Reptilien und Insekten Lebensräume.

Das immergrüne Efeu, welches sich wie hier zum Beispiel über und entlang von Zäunen rankt (rechte Seite unten), bietet Igeln und vielen anderen Tieren gute Versteckmöglichkeiten.

Kann jeder Garten ein Naturgarten sein?

Ja, auf jeden Fall. Selbst ein einzelnes Blumenbeet oder einige Blumentöpfe auf dem Balkon mit einheimischen Pflanzen können einen Lebensraum bilden, beispielsweise für Insekten und Spinnentiere. Selbst wenn diese Tiere nur auf der Durchreise vorbeikommen, sind solche Orte wichtige «Zwischenverpflegestationen» und regelrechte Trittsteine zwischen reichhaltigeren, größerflächigen Lebensräumen. Auch wenn diese Mininaturgärten den Igeln nicht direkt etwas bringen, profitieren sie indirekt durch eine größere Insektenvielfalt als Nahrungsgrundlage.

Wenn ich meinen Garten naturnah gestalten möchte, was kann ich tun? Womit soll ich beginnen?

Am besten ist es, wenn Sie mit einem kleinen Bereich des Gartens oder des Balkons beginnen und nicht gleich versuchen, den ganzen Garten auf einmal umzugestalten. Sie können sich mittels Büchern und über das Internet über Naturgärten informieren, verschiedene Möglichkeiten zur Bepflanzung abklären und Ideen für die Gestaltung einholen. Es ist auch empfehlenswert, auf Naturgärten spezialisierte Gärtner*innen zu konsultieren, welche die jeweiligen Gegebenheiten Ihres Gartens in die Planung miteinbeziehen können.

Für das Anlegen und die Pflege eines Naturgartens gibt es drei grundsätzliche Standbeine:

- **Pflanzenwahl – einheimisch und über das Jahr verteilt blühend und Früchte tragend**

  Für die Bepflanzung gilt generell: Wählen Sie einheimische Pflanzen, die zu verschiedenen Jahreszeiten blühen und Früchte tragen, damit während des ganzen Jahres möglichst lückenlos ein möglichst großes und breites Nahrungsangebot für verschiedene Tiere vorhanden ist. Empfehlenswerte Pflanzen sind z. B. Weiden. Sie wachsen schnell und blühen früh im Jahr und sind so eine wichtige Nahrungsgrundlage für viele Insekten. Frühlingsplatterbsen blühen lange und bieten deshalb Insekten eine relativ beständige Nahrungsgrundlage. Ziest bietet den Insekten, vor allem Wildbienen, außerdem ein gutes Nistmaterial.
- **Kleinstrukturen – je mehr, desto besser**

  Schaffen Sie Kleinstrukturen wie Asthaufen, Steinhaufen, Teiche, Komposthaufen, Sand- und Ruderalflächen (z. B. kleine Kiesflächen). Lassen Sie Totholz gezielt stehen und liegen und pflanzen Sie Hecken. Je reicher strukturiert der Garten ist, desto mehr Lebensräume und Versteckmöglichkeiten für verschiedene Tierarten bietet er.

- **Unterhalt – nur lenkend eingreifen**
  Ein stark gepflegter Garten, in dem die Pflanzen häufig und maschinell geschnitten werden und in dem Dünger ausgebracht und Pestizide eingesetzt werden, ist kein Naturgarten. Der gänzliche Verzicht auf Pflege ist jedoch auch nicht gut, denn ein Naturgarten ist nicht einfach ein verwilderter Garten. Gehölze würden mit der Zeit überhandnehmen und die Vielfalt der Pflanzen und Tiere in der Folge zurückgehen. Es braucht also das richtige Maß an Pflege und diese zur richtigen Zeit. Zum Beispiel sollten Hecken nicht vor der Blüte und während der Brutzeit der Vögel geschnitten werden. Es gilt, eher lenkend einzugreifen und dem Garten nicht den eigenen Willen aufzuzwingen. Wenn die gewünschte Pflanze nicht wachsen will, weil der Standort ungeeignet ist oder weil sie ständig von Parasiten befallen wird, sollte man das akzeptieren und auf Alternativen umsteigen, anstatt mit Pestiziden nachhelfen zu wollen.

Welche Pflanzen würden Sie besonders empfehlen, um Igel zu fördern?
Efeu bietet durch seine immergrüne und dichte Wuchsweise an der Hausmauer und entlang von Zäunen sehr gute Versteckmöglichkeiten für Igel, aber auch für verschiedenste Vögel und andere Tiere. Daneben bieten die spät (im September und Oktober) blühenden Blumen vielen Insekten eine Nahrungsquelle. Die von Januar bis April besonders früh reifenden Früchte werden von vielen Vögeln als Nahrung geschätzt. Die Pflanze ist einfach in der Pflege und verzeiht viele Fehler. Sie ist außerdem einfach lenkbar, man muss einzig darauf achten, dass sie nicht unter das Hausdach wächst.

Was kann ich in meinem Garten sonst noch tun, um Igel aktiv zu fördern? Was haben Sie gemacht, um Igel aktiv zu fördern?
- Machen Sie die Grenzen des Gartens für Igel durchgängig. Reicht der Zaun bis an den Boden oder ist der Garten von Mauern/Mäuerchen umgeben, sollten mithilfe von Durchlässen oder Igeltreppen den Igeln der Zugang zum Garten ermöglicht werden. Um Igeln den Zugang in den Garten zu erleichtern und es gleichzeitig Katzen und (kleinen) Hunden so schwer wie möglich zu machen, in den Garten hineinzugelangen, kann man zum Beispiel einen Igeltunnel unter einem ansonsten undurchdringlichen Zaun hindurchlegen.
- Schaffen Sie Kleinstrukturen wie Ast- oder Laubhaufen oder Hecken, unter denen sich die Igel verstecken können. Igelhäuschen sollten so stabilisiert sein, dass Hunde, Füchse und Dachse nicht an die darin schlafenden Igel herankommen können. Igel

sind dabei nicht besonders wählerisch; selbst einen zugänglich gemachten Hohlraum unter einer Holzbeige nehmen sie gerne an.

- Stellen Sie Trinkmöglichkeiten bereit: zum Beispiel schwere Pflanzenuntersetzer oder auch ein Teich mit flachen Ufern.
- Mähen Sie möglichst mit der Sense und nicht mit dem Rasenmäher. Der Schnitt mit der Sense ist langsamer als mit motorisierten Geräten, was den Tieren im Gras Zeit zum Flüchten lässt.
- Mähen Sie nicht unter Hecken. Dies kann darunter schlafende Igel verletzen oder gar töten.
- Entschärfen Sie Fallen wie beispielsweise offene Schächte oder Treppenabgänge.
- Verzichten Sie auf den Einsatz von Pestiziden, inklusive Schneckengift.
- Seien Sie vorsichtig beim Autofahren in der Dämmerung und Nacht, gerade auch auf Quartierstraßen.

Zur Person:

Christine Dobler Gross liebt die wilde Schönheit der Natur und ihre Kreaturen seit der Kindheit. Schon ihre Großeltern hatten sich für Naturschutz engagiert. Einen Naturgarten anzulegen war ihr Bedürfnis und Glück, ebenso wie das Eintauschen ihres Berufes einige Jahre vor der Pensionierung gegen das (ehrenamtliche) Engagement für Naturräume und Artenvielfalt. Sie wünscht sich, dass die Menschen zu einer natur- und umweltfreundlichen Lebensweise finden.

Links: Ein zugänglich gemachter Hohlraum unter einer Holzbeige ist ein guter Schlafplatz für Igel.

Rechts: Der Naturgarten von Christine Dobler Gross in der Stadt Zürich.

Igel fördern in der Wohnsiedlung und im öffentlichen Raum

Igel haben große Streifgebiete und können in einer Nacht mehrere Kilometer zurücklegen (siehe Kapitel 3, «Die Streifgebiete der Igel»). Der wichtigste Lebensraum der Igel – Siedlungsgebiete – sind dabei regelrechte Labyrinthe, in denen die verschiedenen «Jagdgründe» durch Mauern, Absätze, Treppen und Zäune voneinander getrennt sind und die es zu überwinden gilt. Diese Hindernisse zwingen Igel oft zu großen Umwegen oder können den Zugang zu gewissen, potenziell wertvollen Gebieten sogar ganz versperren. Leider wird dieses Problem durch die ständige bauliche Erweiterung und Verdichtung von Siedlungsgebieten verschärft und kann den Igeln und auch anderen Wildtieren zu schaffen machen (siehe Kapitel 5, «Lebensraumverlust und Abnahme der Lebensraumqualität»).

Auf ihren nächtlichen Wanderungen durchqueren die Igel auf der Suche nach Nahrung und Fortpflanzungspartnern in der Regel also mehr als nur einen Garten; deshalb ist es wichtig, dass diese miteinander vernetzt sind. Der igelfreundlichste Naturgarten mit den fettesten Insektenlarven bringt den Tieren nichts, wenn sie nicht hineinkommen oder dieser Garten der einzige igelfreundliche weit und breit ist. Eine der wichtigsten Maßnahmen bei der Vernetzung ist es, Durchgänge zwischen Gärten zu schaffen. Im Kapitel «Barrierefreiheit für Igel» wird beschrieben, wie dabei vorgegangen werden kann. In einer Nachbarschaft können durch Gärten, Gebüsche und Hecken sogar grundstücksübergreifende Verbindungsachsen gebildet werden. In Großbritannien gibt es für solche Projekte ein Netzwerk von Leuten, die ihre Nachbarschaft igelfreundlicher gestalten wollen, indem sie ihre Gartenzäune und Mauern für Igel passierbar machen und somit Lebensräume miteinander vernetzen: die sogenannte «Hedgehog Street». Weiterhin besteht die Möglichkeit, die Hausverwaltungen oder die Gemeinde anzuregen, die Grünflächen der Siedlung igelfreundlich zu gestalten und naturnah zu pflegen. Man kann sich auch aktiv für die Anschaffung und den Unterhalt von Gemeinschafts-Kompostieranlagen, die Renaturierung versiegelter Flächen oder die igelfreundliche Umgestaltung des (Innen-)Hofes einsetzen, einen Asthaufen bauen oder Dickichte wachsen lassen. Hier sollte ein Mittelweg zwischen naturnaher Pflege und Nutzbarkeit gefunden werden.

Hedgehog Street ist ein Netzwerk von Leuten in Großbritannien, die ihre Nachbarschaft igelfreundlicher gestalten wollen, indem sie ihre Gartenzäune und Mauern für Igel passierbar machen und somit für die Tiere neue Lebensräume erschließen (oben).

Anwohner*innen einer Quartierstraße halten die Autofahrer mit einem selbstgemachen «Achtung Igel»-Schild zur Vorsicht an (Mitte).

Grünflächen, die von Mauern ohne Durchschlüpfe umgeben sind, bleiben für Igel unzugänglich (unten).

HEDGEHOG
HIGHWAY
PLEASE KEEP THIS HOLE OPEN!
WWW.HEDGEHOGSTREET.ORG

Obwohl gemeinschaftlich genutzte Grünflächen oft eher eintönig gestaltet werden (oben), können selbst mitten in der Stadt Oasen für Wildtiere und -pflanzen entstehen (unten und rechte Seite).

Hecken als Lebensräume und Korridore für Wildtiere

Hecken bieten einen wichtigen Lebensraum für verschiedenste Tierarten. Hecken bilden außerdem Verbindungen zwischen Biotopen. Auch hier gilt: je artenreicher desto besser. Verschieden große und dichte Pflanzen bilden eine Abstufung und so einen reich strukturierten Lebensraum. Einheimische Pflanzen, welche zu verschiedenen Jahreszeiten Blüten und Früchte tragen, sind zu bevorzugen. Hecken sollten außerdem mehrere Meter breit und in den untersten Bereichen möglichst dicht sein, um ein gut geschütztes Habitat zu bieten. Das Schneiden unter den Hecken sollte vermieden werden, sodass um die Hecke ein Krautsaum entsteht.

Die Verjüngung oder auch das «auf den Stock setzen» von Hecken, also das Zurückschneiden bis auf den Boden, ist wichtig für einen dichten Wuchs, welcher wiederum Wildtieren Versteck- und Nistmöglichkeiten bietet. Bei solch radikalen Schnitten sollte jedoch darauf geachtet werden, dass nicht die gesamte Hecke auf einmal zurückgeschnitten wird. Eine gute Regel hierbei ist, alle fünf Jahre ein Drittel der Hecke auf den Stock zu setzen. Durch diese Abstufung des Heckenschnittes bleiben immer Teile des Lebensraumes und der Nahrungsquellen für die Wildtiere bestehen. Haselsträucher tragen z. B. bis zu drei Jahre nach einem radikalen Schnitt keine Früchte (Haselnüsse) mehr. Heckenschnitte sollten in der Zeit der Vegetationsruhe von Oktober bis Februar vorgenommen werden. Andernfalls können Nester und Bruten zerstört und Tiere getötet werden. Da sich die Igel zu dieser Zeit im Winterschlaf befinden, sollten die Hecken unten nicht bis an den Boden geschnitten werden, damit die Igel in dieser Zeit nicht gestört werden. Seltene Gehölze und Totholzstrukturen sollten möglichst gefördert werden.

Das entstandene Schnittgut sollte entweder sofort oder gar nicht abtransportiert werden (stattdessen kann man es zu Asthaufen aufschichten). Wird das Schnittgut während der Vegetations- und Fortpflanzungsperiode entfernt und gehäckselt, zerstört man unter Umständen Nester von Vögeln und tötet die sich darin versteckenden Tiere, die sich in der Zwischenzeit darin eingenistet haben. Auch ein Abtransport im Winter ist problematisch, weil viele Tiere, auch Igel, das Schnittgut für die Überwinterung aufsuchen.

Begrünte Straßenränder: Gefährliche Umgebung mit Potenzial

Obwohl Straßen prinzipiell für Wildtiere eine große Gefahrenquelle darstellen, können begrünte Straßenränder wichtige Biotope für verschiedenste Pflanzen und Tiere sein, aber auch Lebensräume miteinander vernetzen. Dies ist insbesondere deshalb nicht zu unterschätzen, weil durch die dichten Straßennetze Straßenränder viel Raum einnehmen. Die Straßenränder werden jedoch häufig zu intensiv gepflegt und z. B. oft mit Mulch-Maschinen gemäht. Dabei handelt es sich um hocheffiziente und schnelle Mähmaschinen, die das Schnittgut gleichmäßig auf den Flächen verteilen und so ein Zusammenrechen überflüssig machen. Die hohe Geschwindigkeit der Mäher lassen Insekten und anderen Wildtieren oft keine Chance. Durch den Nährstoffeintrag über das Schnittgut sind diese Flächen außerdem oft artenarm. Ein weiteres Problem ist, dass normalerweise die gesamten Flächen geschnitten werden und so kein Lebensraum für Wildtiere mehr übrigbleibt.

Ein nachhaltigeres Konzept wäre die nur teilweise und seltenere Mahd von Straßenrändern. Das Schnittgut kann zu Haufen aufgeschichtet werden, die von verschiedensten Wildtieren bewohnt werden können. Außerdem sollten langsamere Mähmaschinen zum Einsatz kommen, die nicht bodeneben mähen, was den Vorteil hat, dass Tiere, die sich im Gras verstecken, verschont bleiben. Der Schnitt sollte im Frühling erfolgen, damit auch im Winterhalbjahr die schützende Vegetationsdecke bestehen bleibt. Auf Düngung und Pestizideinsatz, besonders auf synthetische Pestizide, sollte verzichtet werden. Magerwiesen sollten gefördert werden. Bei all diesen Punkten darf natürlich die Verkehrssicherheit nicht vernachlässigt werden und es sollten Straßenabschnitte eruiert werden, die eine solch extensive Bewirtschaftung zulassen. Um trotz Naturnähe einen gepflegten Eindruck zu erzielen, kann jeweils ein circa 1 Meter breiter Streifen direkt am Straßenrand geschnitten werden. Neben einer Steigerung der Artenvielfallt würden durch eine solche extensive Pflege der Straßenränder auch die Grünpflegekosten sinken.

Weitere Maßnahmen zum Schutz von Wildtieren sind z. B. das Einbauen von Kleintierpassagen unter oder über der Straße hindurch sowie das übersichtliche Gestalten von Straßenrandzonen, damit die Autofahrer die Wildtiere (und umgekehrt die Wildtiere die Autofahrer) besser sehen können. Dazu können beispielsweise Hecken einige Meter vom Straßenrand entfernt angelegt werden. Unvermeidbare Mauern und Zäune können wildtierfreundlich gestaltet werden, damit diese gut passier- oder überkletterbar sind oder vielleicht sogar als Verstecke benutzt werden können.

Artenreiche Hecken sind Lebensräume sowie Verbindung zwischen Lebensräumen für zahlreiche Wildtiere.

Öffentliche Grünräume als Wildtieroasen im Siedlungsraum

Naturnah gestaltete Parks und Grünanlagen bieten verschiedensten Wildtieren einen Lebensraum und Nahrungsgrundlagen, so auch den Igeln. Parks und Grünanlagen sind jedoch nicht die einzigen für Wildtiere nutzbaren Außenräume: natürlich begrünte Verkehrsinseln, Kreisel, Baumscheiben, Flachdächer oder auch Fassaden besitzen ein großes Potenzial, um mehr Biodiversität in unsere Siedlungsgebiete zu bringen. Auch hier gelten jedoch die zuvor beschriebenen Prinzipien: weniger Pflege bringt mehr! Wilde Grünräume in Siedlungen werden jedoch oft skeptisch betrachtet, weil schnell der Eindruck entsteht, dass die Behörden diese Gebiete vernachlässigen. Hier sollte deshalb ein guter Mittelweg angestrebt werden. Studien haben nämlich gezeigt, dass die meisten Anwohner generell mehr Freude an Strukturvielfalt als an ausgeräumten Grünräumen haben, sofern diese gepflegt aussehen und nutzbar bleiben. Wie bereits im letzten Kapitel beschrieben, können minimale Pflegemaßnahmen mit wenig und wildtierfreundlichem Aufwand einen gepflegten Eindruck erwecken.

Oben: Eine naturnahe Wiese, die vielleicht manchmal als zu wild und unordentlich wahrgenommen wird, wirkt gepflegter, wenn ein Streifen regelmäßig gemäht wird. Der abschnittsweise Schnitt einer solchen Wiese erhält außerdem Lebensraum und Nahrungsquellen für Wildtiere.

Rechts oben: Eintönig und strukturarm gestaltete öffentliche Räume haben oft noch viel Potenzial für eine ökologische Aufwertung.

Naturnahe Tramtrassees (rechts Mitte) und Straßenränder (rechts unten) sind zwar meist kleine Grünflächen, können aber viel zur Biodiversität in einer Stadt beitragen.

21
20
GCZ

Versiegelte Flächen wieder wertvoll machen

Versiegelte Flächen, also geteerte, betonierte oder gepflasterte Flächen verändern die grundlegenden Eigenschaften des Bodens stark: Es kommt zu einer Veränderung des Wasserhaushaltes, inklusive des Grundwassers, da das Regenwasser nicht mehr gut versickern und abfließen kann. Außerdem heizen sich diese versiegelten Flächen stärker auf als Grünflächen. Abgesehen von den für uns Menschen unangenehmen Auswirkungen solcher «Backöfen» im Hochsommer – noch verstärkt durch den Klimawandel – bieten versiegelte Flächen auch den Wildtieren weder Nahrung noch Versteckplätze. Es wäre allgemein wünschenswert, solche Flächen wo möglich zu «entsiegeln», also zu renaturieren und beispielsweise durch Kiesplätze (ohne untergelegte Folien) oder durch Grünflächen zu ersetzen. Teer auf Gehwegen kann z. B. mit Kies oder Rindenmulch ersetzt werden. Für Garageneinfahrten, Parkplätze und Ähnliches eignen sich je nach Intensität der Nutzung auch Rasengittersteine, Pflastersteine, Betonsteine, Klinker oder Natursteinplatten, welche nicht verfugt werden. Auf solchen Flächen kann das Wasser besser versickern und es können sich kleine Pflanzengemeinschaften etablieren.

Klein aber fein: Selbst naturnah gestaltete Straßenränder können bereits Lebensräume für Wildtiere und Pflanzen sein.

21,5 %

20,2 %

19,8 %

0,7 %

1,2 %

1,9 %

Obwohl Flächen im öffentlichen Raum meist von Verwaltungen oder der örtlichen Grünflächenpflege geplant und unterhalten werden, hat man auch als Privatperson die Möglichkeit, hier etwas zu verändern. Beispielsweise kann man einen Brief an die zuständigen Behörden schreiben, für entsprechende Vorlagen abstimmen, Stimmen für Petitionen sammeln oder Volksvertreter wählen, die sich für solche Belange einsetzen.

Förderung von naturnaher Landwirtschaft

Der ursprüngliche Lebensraum der Igel sind vermutlich kleinräumig gegliederte Landschaften mit offenen Bereichen, wo der Igel für die Futtersuche unterwegs war, und Dickicht mit Sträuchern, wo der Igel seine Tage verbrachte. Eine solche für Igel ideale Landschaft war die extensiv bewirtschaftete Kulturlandschaft, so wie sie lange Zeit in Zentraleuropa typisch war. Seit dem Beginn der Intensivierung der Landwirtschaft hat sich das Landschaftsbild in unseren Breiten jedoch drastisch gewandelt. Großflächige Monokulturen, starke Düngung und Pestizideinsatz mit gleichzeitigem Aufgeben von abgestuften Waldsäumen, Hecken und Magerwiesen haben

Studien haben gezeigt, dass Anwohner*innen oft mehr Freude an naturnah und strukturreich gestalteten Außenräumen haben, solange diese gepflegt aussehen und benutzbar bleiben. Bei dieser Studie konnten die Befragten aus 12 Bildern die bevorzugte Umgebungsgestaltung wählen. Über 60 % entschieden sich dabei für eine der Umgebungen in der oberen Bildreihe, während die Vorschläge in der unteren Reihe wenig geschätzt waren. Die Prozentangaben zeigen den Anteil der Leute, welche den entsprechenden Vorschlag gewählt haben.

Solche versiegelten Flächen sind nicht nur in heißen Sommern für Menschen unangenehm, sondern bieten auch für Wildtiere weder Lebensraum noch Nahrungsgrundlagen.

dazu geführt, dass Igel und viele andere Wildtiere in diesen Gebieten kaum noch Lebensraum und Nahrung finden. Diese bis heute andauernde Entwicklung wird mit dem Insektensterben im Speziellen und dem Artensterben im Allgemeinen in Verbindung gebracht. In den letzten Jahrzehnten hat sich die Situation wieder leicht verbessert: ökologische Ausgleichsflächen werden angelegt und Einzelmaßnahmen werden umgesetzt. Diese Veränderungen können aber lange nicht alle verloren gegangenen Strukturen ersetzen, daher ist die Biodiversität in landwirtschaftlichen Gebieten heute viel ärmer als noch vor 100 Jahren.

Unsere Landschaft wird schon seit Tausenden von Jahren, seit dem Beginn des Ackerbaus, von menschlichen Eingriffen geprägt. Diese, bis zum Beginn der industriellen Landwirtschaft relativ milden Eingriffe, haben die Biodiversität durch die Schaffung kleinräumiger Landschaftstypen (z. B. bewaldete Weiden) im Gegensatz zu den zuvor vorherrschenden, weitläufigen Waldgebieten sogar noch erhöht und auch dem Igel viele kleinräumig strukturierte Lebensräume geboten.

Hier etwas zu ändern ist nicht einfach, hat diese Entwicklung doch etwas mit der grundlegenden Funktionsweise unserer Wirtschaft und den Ansprüchen der Gesellschaft zu tun. Als Einzelperson ist man jedoch nicht machtlos: Mit jedem Einkauf gestaltet man die Nachfrage und somit das Angebot mit. Zum Beispiel: beim Einkauf kann man sich überlegen, woher das Gemüse und die Früchte stammen, wie diese angepflanzt wurden und ob man dies unterstützen möchte. Generell ist es umweltfreundlicher, regionale, biologisch produzierte Produkte zu kaufen, die ohne den Einsatz von synthetischen Pestiziden angebaut wurden. Dazu kann man beispielsweise direkt beim Bauern einkaufen und sich so vor Ort selbst ein Bild machen, Transportwege und Warenumschlag minimieren und zudem noch kleine, lokale Betriebe unterstützen.

Biologisch wertvolle Siedlungsflächen als Ausgleich

Auch hat die Schaffung von naturnahen Oasen in Privatgärten, Parks und entlang von Wegen und Straßen einiges Potenzial, um dieser negativen Entwicklungen in der Landwirtschaft und Industrie entgegenzuwirken. Sie stellen wichtige Trittsteine dar, die verschiedene Lebensräume miteinander verbinden und den Austausch zwischen isolierten Populationen ermöglichen. Diese Trittstein-Funktion der Gärten in Siedlungsgebieten gewinnt insbesondere auch mit der zunehmenden Zersiedelung und Urbanisierung an Gewicht. Selbst kleine Flächen, wie z. B. einzelne Rabatten, können für gewisse Wildtiere einen Lebensraum und eine Nahrungsgrundlage bieten. Gerade bei den Igeln zeigt sich auch, dass Siedlungsgebiete mit ihren kleinstrukturierten, vielfältigen Grünflächen Refugien und somit geeignete Lebensräume sind. Deshalb ist es besonders wichtig, dass bei der Planung und Entwicklung von Siedlungsgebieten die naturnahe Gestaltung der Außenräume einen hohen Stellenwert einnimmt.

Beispiel einer extensiv, das heißt wenig intensiv genutzten Landwirtschaftsfläche mit kleinräumigen Anbauflächen, Hecken und Bäumen. Solche Landschaftsflächen waren bis zum Beginn der intensiven und industrialisierten Landwirtschaft weit verbreitet und zeichnen sich durch hohe Biodiversität aus.

Monokulturen, Überdüngung und übermäßiger Pestizideinsatz führen zu einer ökologischen Verarmung landwirtschaftlicher Gebiete. Diese Form der Landwirtschaft ist in unseren Breiten vorherrschend.

Input

Was ist Biodiversität und wieso ist sie wichtig?

Biodiversität bedeutet so viel wie «Vielfalt des Lebens». Der Begriff fasst die biologische Vielfalt auf drei Ebenen sowie die dynamischen Wechselwirkungen zwischen diesen Ebenen zusammen. Die Ebenen der Biodiversität umfassen zum einen die *Vielfalt der Arten* auf der Erde oder in einem bestimmten Gebiet, inklusive Tiere, Pflanzen, Pilze und Bakterien. Die zweite Ebene der Biodiversität ist die *Vielfalt der Gene* der Lebewesen, also verschiedene Zustände der Erbinformation, welche die Merkmale dieser Lebewesen beeinflussen, inklusive der verschiedenen Varietäten/Rassen von Nutztieren und -pflanzen. Die *Vielfalt der Lebensgemeinschaften* von Tieren und Pflanzen und deren Wechselwirkungen mit ihrer Umwelt bilden eine dritte Ebene der Biodiversität. Der Begriff «Biodiversität» umfasst also sämtliches Leben auf der Erde, inklusive Menschen, und alle seine Wechselwirkungen untereinander. Ein Beispiel für solche Wechselwirkungen ist das Nahrungsnetz, in welchem verschiedene Pflanzen verschiedenen Tieren als Nahrung dienen und diese Tiere wiederum von anderen Tieren gefressen werden. Prinzipiell führt eine höhere Biodiversität zu einer besseren Anpassungsfähigkeit der Lebensgemeinschaften an Veränderungen der Umwelt, z. B. Veränderungen des Klimas oder das Auftreten von neuen oder sich selbst wandelnden Krankheitserregern.

Die Biodiversität ist seit dem Beginn des Lebens auf der Erde vor Milliarden von Jahren durch die Evolution herangewachsen. Die Biodiversität, wie sie heute ist, ist also eine Art Schnappschuss des Lebens: Ein Abbild der Lebensprozesse in der Vergangenheit und das Potenzial für die Lebensprozesse in der Zukunft. Grundsätzlich ist Biodiversität also schützenswert, weil sie einen eigenen, vom Menschen unabhängigen Wert besitzt und nicht ersetzt werden kann. Der Nutzen der Biodiversität für den Menschen ist dagegen nicht auf den ersten Blick offensichtlich, tatsächlich jedoch fundamental. Zu diesen sogenannten Ökosystemdienstleistungen gehören z. B. das Verfügbarmachen von lebenswichtigen Gütern wie Luft (Sauerstoffproduktion durch Pflanzen), Trinkwasser (Filterung von Schadstoffen und Krankheitserregern durch Mikroorganismen) und Nahrungsmitteln (die Pflanzen und Tiere und deren Produkte). Weiterhin liefert uns die Biodiversität Energieträger, Kleiderfasern, Baumaterialien und medizinische Wirkstoffe. Sie ist zentral für die Bildung und Erhaltung von fruchtbaren Böden, den Abbau von Abfallstoffen, den Schutz vor Lawinen

und Bodenerosion (z. B. in Gebirgen), die Klimaregulation (Speicherung von Kohlenstoff in den Pflanzen und Wolkenbildung) und die Bestäubung von Pflanzen (beispielsweise für das Wachstum von Früchten). All diese Ökosystemdienstleistungen sind kostenlos. Darüber hinaus hat die Biodiversität aber auch eine wichtige kulturelle Bedeutung, z. B. zur Erholung und für das Wohlbefinden. Dies sind nur einige Beispiele, welche die Wichtigkeit der Biodiversität für den Menschen aufzeigen.

Wie oben erwähnt, ist die Biodiversität seit Milliarden von Jahren in einem stetigen Wandel. Arten sterben aus und es entstehen neue. In gewissen Zeitabschnitten ist es sogar zu regelrechtem Massenaussterben gekommen, beispielsweise aufgrund von Meteoriteneinschlägen und/oder Vulkanausbrüchen. Das berühmteste Beispiel für ein Massenaussterben ist wahrscheinlich das Aussterben der Dinosaurier am Ende der Kreidezeit vor rund 66 Millionen Jahren. Auch aktuell zeichnet sich ein Massenaussterben ab, es kommt also weltweit zu einem markanten Verlust der Biodiversität. Die Gründe dafür sind vielfältig, hängen jedoch alle mit menschlichem Wirken zusammen, worin sich die aktuelle Biodiversitätskrise von vorangegangenen Massenaussterben unterscheidet. Es kommt zu einer weitgreifenden Zerstörung von Lebensräumen, Veränderungen in der Landnutzung, starker Bejagung/Überfischung, Einbringung von Giften in die Umwelt, Klimawandel und der Ausbreitung von invasiven, eingeschleppten Arten (Neobiota). Diese Biodiversitätskrise hat potenziell weitgreifende Auswirkungen, wenn nicht rechtzeitig Gegenmaßnahmen ergriffen werden. Sie führt nicht nur zu einer Verarmung der Umwelt, sondern auch zu immensen wirtschaftlichen Einbußen und gefährdet im Endeffekt das Überleben von uns Menschen selbst.

5 Die Igelpopulation wird kleiner. Was sind die Gründe?

5.1 Vitale Igelpopulationen in den 1990er-Jahren

Der Lebensraum der Igel hat sich in den letzten 100 Jahren stark verändert. Noch vor 100 Jahren waren Igel in einer offenen, vielfältigen Kulturlandschaft mit Wiesenbereichen und zahlreichen Strukturen wie Hecken, Baumgruppen, Gärten und überwachsenen Böschungen zu Hause. Mit der Intensivierung der Landwirtschaft wurden allerdings die ländlichen Gebiete eintöniger und strukturärmer und Igel wurden in diesen Lebensräumen immer seltener.

Als Folge waren Igel häufiger im Siedlungsraum anzutreffen, wo sie in durchgrünten Wohnquartieren neue Lebensräume fanden, wenn diese genügend naturnahe Strukturen wie dichte Hecken, Rabatten und offene Bereiche mit Wiesen und Rasen für die Futtersuche aufwiesen. Dies zeigten Forschungsprojekte in der Stadt Zürich und im Zürcher Säuliamt in den 1990er-Jahren. Zur Zeit dieser Studien konnte man davon ausgehen, dass in diesen neuen Siedlungslebensräumen erstaunlich vitale Igelpopulationen lebten.

Aufgrund der Intensivierung von landwirtschaftlichen Gebieten sind Igel heutzutage vor allem in der Nähe von Siedlungen anzutreffen.

5.2 Gibt es einen Rückgang der Igel in Europa?

Heute scheint sich die Situation geändert zu haben. Mehrere Studien berichten von einem Rückgang der Igel über die letzten 20–30 Jahre in unterschiedlichen Habitaten und den verschiedensten geografischen Regionen. Igel in ländlichen Gebieten scheinen verhältnismäßig stärker von diesem Rückgang betroffen zu sein als städtische Populationen. Neue Untersuchungen aus der Stadt Zürich haben gezeigt, dass sich auch im städtischen Rückzugsgebiet das gleiche Muster des Rückgangs in der Verbreitung sowie auch in der Anzahl der Igel zeigt: In einem Citizen Science Projekt wurde die Situation der Igel in der Stadt Zürich untersucht und die Daten mit denjenigen aus einer früheren Studie aus den frühen 1990er-Jahren verglichen (siehe auch Input «Citizen Science: Gemeinsam Wissen schaffen»). Die Auswertungen haben ergeben, dass die Zahl der Igel zwischen 1992 und 2016–2018 um 40,6 % zurückgegangen ist, zudem ist die Fläche der Verbreitung um 17,6 % geschrumpft. Diese Zahlen sind alarmierend, da dieser Rückgang einerseits in nur 25 Jahren stattfand und andererseits der Siedlungsraum bisher als Gebiet galt, in dem sich die Igelpopulationen noch relativ gut halten konnten. Ein ähnliches Muster zeichnet sich auch in anderen Ländern ab. Forscher aus England haben durch Modellierungen von Citizen Science-Daten berechnet, dass die dortige Igelpopulation in 40 Jahren zwischen 5,0 % und 7,4 % zurückgegangen ist. Andere Berechnungen aus England deuten gar auf einen dramatischen Rückgang von 9,1 % in Schottland, 37,3 % in Wales und 30,3 % in England über eine Periode von neun Jahren hin. Weitere Zahlen zeigen einen Rückgang von 40 % in zehn Jahren auf. Es fällt auf, dass das genaue Ausmaß dieses Rückgangs schwierig abzuschätzen ist. Klar ist, dass es einen Rückgang gibt. Wie rasch dieser vor sich geht, hängt wahrscheinlich stark vom Lebensraum und den lokalen Gegebenheiten ab. Untersuchungen aus verschiedenen Schweizer Städten haben nämlich gezeigt, dass es große lokale Unterschiede in der Verbreitung der Igel gibt. Mit anderen Worten: In den meisten Städten gibt es heute offensichtliche Lücken in der Verbreitung der Igel. In den wenigsten Fällen sind aber ältere Vergleichsdaten verfügbar, die einen Hinweis auf die Entstehung dieser Lücken geben könnten. Am Beispiel von Zürich wird jedoch klar, dass gewisse Quartiere heute noch sehr hohe Igeldichten besitzen, vergleichbar mit guten Igelgebieten von früher, während in anderen Gebieten heute kaum Igel nachgewiesen werden können, obwohl dies früher gute Igellebensräume waren. Welche Faktoren auch immer für den Rückgang der Igel verantwortlich sind, sie scheinen nicht in allen Gebieten gleich stark auf die Igel zu wirken. Obwohl der Igel laut der internationalen Roten Liste des IUCN als «nicht gefährdet» (least concern) eingestuft ist, steht er in einigen deutschen Bundesländern auf der Vorwarnliste. Auch in Österreich wird der Igel als potenziell gefährdet («near threatend») eingestuft. In England ist der Igel sogar als gefähdet («vulnerable») eingestuft.

5.3 Gründe für den Rückgang

Die Gründe für den Rückgang der Igel sind weitgehend unbekannt und vermutlich vielfältig. Grob können die möglichen Ursachen in vier Kategorien eingeteilt werden, die sich nicht gegenseitig ausschließen und wahrscheinlich sogar in Kombination wirken: Lebensraum, Nahrung, Toxine und Erbeutung durch Feinde.

Lebensraumverlust und Abnahme der Lebensraumqualität

Der Verlust des Lebensraums kann durch dessen Zerschneidung (Fragmentierung) oder durch die vollständige Entfernung passieren. Fragmentierung wird durch Barrieren wie Straßen, Bahnschienen, Zäune oder Mauern verursacht, die von Igeln nicht überwunden werden können. Der Verlust von Ausbreitungsstrukturen (z. B. das Entfernen von Hecken), woran sich die Igel bei der Ausbreitung orientieren, kann den gleichen isolierenden Effekt auf die Populationen haben. Die Isolation der Populationen kann verheerende Folgen haben, die bis zu deren Aussterben führen können. Gebiete können dann dauerhaft igelfrei bleiben. Zwei wichtige Kräfte, die solche Veränderungen bewirken, sind die Verstädterung und die Intensivierung der Landwirtschaft. Die große Bautätigkeit, welche mit der Verstädterung einhergeht, führt zu einem temporären und teilweise auch langfristigen Verlust von wichtigen Igellebensräumen.

Neben dem Verlust des Lebensraums selbst könnte der Verlust der Lebensraumqualität eine Bedrohung für Igelpopulationen darstellen. Die intensive Pflege von Gärten und öffentlichem Grünraum führt zu weniger verfügbarem Pflanzenmaterial wie Blätter und Zweige und dadurch zu einem Mangel an Nestbaumaterialien sowie von Versteck- und Unterschlupfmöglichkeiten für Igel im städtischen Raum. Auch fehlen in vielen Gärten und Parkanlagen dichte Hecken oder Gebüsche, die Igeln Unterschlupf bieten. In ländlichen Gebieten wirkt sich die Beseitigung von Strukturen wie Hecken ebenfalls negativ auf die Igel aus.

Weitere Bedrohungen, die den Lebensraum betreffen, sind Gefahren in den Gärten (z. B. leere Teiche, ungedeckte Lichtschächte, elektrische Zäune, Brände, Mähmaschinen, in die Igel hineinfallen oder stecken bleiben können oder die sie verletzen oder töten (siehe Kapitel 4, «Fallen und Gefahren für Igel erkennen und beheben»)). Weiterhin ist der Autoverkehr ein wichtiger Sterblichkeitsfaktor für Igelpopulationen.

Nicht zuletzt könnten wechselnde Sommer- und Wintertemperaturen aufgrund des globalen Klimawandels die Nahrungs- und Wasserverfügbarkeit für die Igel im Sommer einschränken und ihr Überwinterungsverhalten im Winter stören (siehe Kapitel 3, «Der Winter wird verschlafen»).

Abnahme der Nahrungsverfügbarkeit

Die Qualität und Verfügbarkeit der Nahrung hängt stark von der Lebensraumverfügbarkeit ab. Igel ernähren sich von einer Vielzahl von Wirbellosen (siehe Kapitel 3, «Was fressen Igel?»). Daher dürfte der vielzitierte Rückgang der Insekten aufgrund von Landschaftsveränderungen durch die Intensivierung der Landwirtschaft, den Einsatz von Pestiziden und den Klimawandel Auswirkungen auf insektenfressende Tiere, wie beispielsweise den Igel, haben. Eine Untersuchung aus Naturschutzgebieten in Deutschland zeigte auf, dass die Masse an Fluginsekten über 27 Jahre um 75 % abnahm. Ein solcher Rückgang in Naturschutzgebieten ist alarmierend und deutet auf ein weitreichenderes Problem in anderen Landschaften hin. Auch wenn vielen Leuten der Rückgang der erschlagenen Insekten auf den Windschutzscheiben der

Durch Baustellen, vor allem Großbaustellen, verlieren Igel während der Bauphase wichtige Lebensräume. Gleichzeitig ist aber nach dem Bau die Lebensraumqualität oft für Jahre reduziert.

Oben und unten: Igel und viele andere Wildtiere sind auf Insekten und andere Wirbellose wie z. B. Schnecken angewiesen. Mit der abnehmenden Insektenbiomasse geht ihnen die Nahrungsgrundlage verloren.

Autos auffällt, ist es schwierig, systematische Abnahmen über die Zeit in Zahlen zu erfassen. Bestandeszahlen, die verglichen werden könnten, sind selten über längere Zeitperioden vorhanden. Grundsätzlich kann gesagt werden, dass zu erwarten ist, dass sich rückläufige Insektenzahlen negativ auf die Igel und andere Insektenfresser, z. B. viele Vogelarten, auswirken.

Sollen wir nun Igel füttern, damit diese nicht verhungern? Dies ist keine langfristige und nachhaltige Lösung für das Problem. Es ist kaum möglich, in einer künstlichen Fütterung die Nährstoffzusammensetzung der natürlichen Nahrung nachzustellen. Das heißt, dass wir die Igel durch eine Fütterung kaum so ernähren können, wie sie es in der Natur machen. Im besten Fall ist die Fütterung damit nicht optimal, im schlimmsten Fall gar ungesund (z. B. Milch und Zucker) oder nicht verdaulich für die Tiere (z. B. pflanzliche Nahrung). Zudem besteht die Gefahr, dass man mit einer Fütterung eine unnatürlich hohe Anzahl an Igeln aufrechterhält. Wird dann die Zufütterung irgendwann beendet, so finden diese Tiere nicht mehr genügend Nahrung und sterben. Wir müssen also das Problem am Grund beheben. Viele Tipps, wie dies erreicht werden kann, finden Sie im Kapitel 4, «Igel fördern – Was kann ich tun?».

Einsatz von Pestiziden

Aufgrund ihrer opportunistischen Ernährungsweise können Igel Pestiziden ausgesetzt sein, entweder direkt durch die Aufnahme von vergifteten Ködern oder indirekt durch die Aufnahme von vergifteter Beute. Obwohl die Wege, wie die verschiedenen Pestizide in die Igel gelangen können, noch ungenügend erforscht sind, haben verschiedene Studien Rückstände von gerinnungshemmenden Rattengiften (Warfarin, Coumetetralyl, Difenacoum, Bromadiolon, Brodifacoum, Flocoumafen) und chlororganischen Verbindungen in Igeln gefunden. Eine Studie, die sich mit den Opfern des Einsatzes verbotener Pestizide auf den Kanarischen Inseln (Spanien) befasste, fand unter den Todesopfern von solchen Pestizideinsätzen auch Igel. Die Auswirkungen der legalen Pestizide könnten jedoch noch viel größer sein als diejenigen der illegalen. Grund dafür ist, dass illegale Pestizide wahrscheinlich in viel kleineren Mengen eingesetzt werden als legale Pestizide und diese somit einen viel größeren Einfluss auf die Igel und andere Wildtiere haben. Frühere Studien über die Wirkung von Pestiziden auf Igel waren nicht schlüssig. Weitere Forschung ist notwendig, um die Auswirkungen der direkten und indirekten Aufnahme von Pestiziden durch Igel beurteilen zu können. Indirekte Auswirkungen von Vergiftungen, wie z. B. verminderte Fruchtbarkeit, verkürzte Lebensdauer, beeinträchtigte Krankheitsresistenz oder schlechtes Wachstum sind zudem nur sehr schwer messbar. Weiterhin weiß man praktisch nichts über die Interaktion verschiedener Pestizide in der Umwelt, obschon Rückstände einiger Pestizide über Jahrzehnte in der Umwelt verbleiben können.

Nimmt der Räuber- und Konkurrenzdruck zu?

Ihr Stachelkleid schützt die Igel vor vielen Räubern, doch einige Tiere können Igeln trotzdem gefährlich werden (siehe Kapitel 4). Die Erbeutung von Igeln durch Dachse wird oft als wichtiger Faktor für den Rückgang der Igel diskutiert. Tatsächlich sind Dachse nicht nur Fressfeinde der Igel, sondern auch Nahrungskonkurrenten. In der Schweiz nehmen die Dachszahlen zu. Außerdem konnte gezeigt werden, dass Dachse in der Schweiz zunehmend Städte besiedeln, Gebiete, die bisher als sichere Zuflucht für Igel galten. Ob dieselbe Entwicklung auch in Deutschland oder Österreich vor sich geht oder vielleicht bald beginnen wird, ist aufgrund der ähnlichen Lebensräume in den drei Ländern anzunehmen, jedoch noch nicht untersucht worden. Igel meiden Gebiete mit hoher Dachsdichte. Kommen Igel und Dachs trotzdem zusammen in einem Gebiet vor, halten sich Igel vornehmlich in der Nähe von Kleinstrukturen auf, die sie als Verstecke nutzen. Anderseits gibt es Orte, wo Dachse und Igel nebeneinander leben und sich nicht groß in die Quere zu kommen scheinen. Die Zunahme der Dachse kann daher den Rückgang der Igel nicht vollständig erklären.

Der direkte Effekt von Pestiziden auf Igel bedarf mehr Forschung. Indirekt wirken Pestizide negativ auf Igel, indem sie ihre Nahrungsgrundlage vernichten.

Krankheiten und Parasiten

Viele Tiere erreichen in Siedlungsgebieten höhere Dichten als außerhalb der Siedlungsgebiete. Dies ist vor allem dann der Fall, wenn sie in Siedlungsgebieten mehr Nahrung finden als außerhalb und dort wenig bis gar keine Feinde haben. Durch diese höheren Dichten in Siedlungsgebieten, aber auch an Futterstellen, können sich Parasiten in einer Population und Krankheiten dann schneller ausbreiten. Die Ausbreitung einer Krankheit oder eines Parasiten kann schnell negative Auswirkungen auf die Bestandsentwicklung einer Art haben, besonders, wenn die Tiere bereits durch Stress, der durch andere Faktoren ausgelöst wird, geschwächt sind. Bisher ist aber nicht bekannt, ob eine bestimmte Krankheit oder ein Parasit großflächig in den Igelpopulationen grassiert und diese flächendeckend dezimiert.

Eine Studie aus der Schweiz zeigte auf, dass Dachse in ihrem Bestand zunehmen und vermehrt Siedlungsräume besiedeln.

Aussterbeschuld

Zusätzlich zu den bereits genannten Faktoren könnte eine mögliche Aussterbeschuld das Thema weiter komplizieren. Eine Aussterbeschuld beschreibt die ökologischen Kosten, die durch die frühere Zerstörung von Lebensräumen entstanden sind. Die Zerstückelung von Lebensraum und Isolierung von Populationen führen oft nicht sofort zum Aussterben von Populationen, sondern erzeugen kleinere und potenziell durch Inzucht geprägte Populationen in kleineren Lebensrauminseln. Diese Reliktpopulationen sind möglicherweise nicht mehr optimal an die aktuellen Bedingungen angepasst und können unter Inzucht leiden. Solche kleinen Populationen sind daher eher vom Aussterben bedroht als größere, wenn sie Umweltveränderungen ausgesetzt sind. Die Anhäufung einer Aussterbeschuld bei unseren Igelpopulationen würde bedeuten, dass Veränderungen in der Landschaft in den letzten Jahrzehnten für den aktuellen Rückgang (mit)verantwortlich sind.

Fazit

Aus diesen Ausführungen wird vor allem klar, dass wir noch sehr wenig darüber wissen, welche Faktoren den Igeln zu schaffen machen. Es scheint aber wahrscheinlich, dass ein Zusammenspiel der genannten Gründe für den Rückgang verantwortlich ist. Zudem wissen wir viel darüber, wie Igel gefördert werden können. Das Umsetzen dieser Maßnahmen im eigenen Garten hilft den Igeln und beugt einem weiteren Rückgang vor. Ein Großteil der Fläche im Siedlungsgebiet ist in Privatbesitz, daher bekommen Maßnahmen, die Privatpersonen im eigenen Garten oder im Wohnumfeld umsetzen, einen großen Stellenwert (siehe Kapitel 4 «Igel fördern – Was kann ich tun?»).

5.4 Igelforschung in Europa

Die Igelforschung in Europa ist sehr aktiv. Wissenschaftler*innen an verschiedenen Universitäten und von Naturschutzorganisationen erforschen die unterschiedlichsten Aspekte der Biologie und des Schutzes der Igel. Neuere Methoden wie z. B. GPS-Sender und Kamerafallen sowie auch genetische Methoden steigern dabei die Effizienz dieser Forschung. Bei vielen dieser Projekte arbeitet die Bevölkerung aktiv mit, entweder bei der Erforschung dieser Fragestellungen selbst oder bei der Umsetzung der Erkenntnisse (siehe Input «Citizen Science: Gemeinsam Wissen schaffen»). Vier konkrete Beispiele aus Bayern, Berlin, Wien und der Schweiz werden in den Inputs «Der Igel in Bayern», «Igel in Berlin», «Die Igel sind los! Punks in unseren Gärten» und «Die Schweizer Bevölkerung erforscht die Igel» vorgestellt.

Wissenschaftliche Methoden zum Nachweisen von Igeln

Neben den bereits beschriebenen Methoden, mit denen jede und jeder Igel im eigenen Garten nachweisen und beobachten kann (siehe Kapitel 4 «Igel fördern – Was kann ich tun?»), werden in der Wissenschaft auch GPS- oder Telemetrie-Sender eingesetzt, um Igel über längere Zeit verfolgen zu können. Bei der Radio-Telemetrie senden die Sender Signale im hochfrequenten Megahertz-Bereich aus. Mit einem Empfänger können diese Signale empfangen werden und leiten die Forscher in die Richtung des Senders – und hoffentlich auch in die Richtung des zu untersuchenden Tieres. Wird die Funkantenne auf das sendermarkierte Tier ausgerichtet, ist das Signal am stärksten, je weiter daneben gezielt wird, umso schwächer ist es. Damit wird die Position des Tieres ermittelt. Diese Methode wird besonders bei Verhaltensuntersuchungen oder ökologischen Studien verwendet, da man mithilfe des Telemetrie-Senders dem Tier gut folgen und dieses auch wieder auffinden kann, sollte man es aus den Augen verlieren. Beispielsweise können mit dieser Methode die Streifgebiete der Igel ausfindig gemacht werden und untersucht werden, welche Distanzen in der Nacht von einem Igel zurückgelegt werden.

Neuere GPS-Datenlogger ermöglichen es, die Positionsdaten zu speichern und zu senden. Damit wird die Position des Tieres in regelmäßigen Intervallen automatisch ermittelt und in Loggern gespeichert. Die gespeicherten Daten können anschließend aus der Ferne abgerufen werden. Diese Methoden erlauben es, viel mehr Daten über die Bewegungsmuster der Igel zu sammeln, während gleichzeitig die Tiere nicht mehr direkt verfolgt werden müssen. Die Batterielaufzeit dieser Sender ist noch nicht sehr lang, daher müssen die Sender regelmäßig (fast jeden Tag) aufgeladen werden. GPS-Logger und Telemetrie-Sender können auch mit physiologischen Datenloggern kombiniert werden, um Faktoren wie die Herzfrequenz oder Körpertemperatur aufzuzeichnen.

Für das Anbringen von GPS-Loggern und Telemetrie-Sendern am zu untersuchenden Tier kommen unterschiedliche Methoden zum Einsatz. Die Telemetrie-Sender wie auch die GPS-Datenlogger werden bei den Igeln auf oder in die Stacheln (die je nachdem etwas gestutzt werden) geklebt.

Um die zu untersuchenden Tiere auch ohne GPS oder Telemetriesender individuell wiederzuerkennen, kommen in der Forschung verschiedene Methoden zum Einsatz. Die Stacheln der Igel können entweder mit speziellen Sprays oder auch mit Nagellack farblich markiert werden. Schrumpfschläuche aus dem Elektrobedarf können zum gleichen Zweck eingesetzt werden. Diese werden entweder mit einem Farb- oder Zahlencode versehen und mit Sekundenkleber auf die Igelstacheln geklebt. Dabei lohnt es sich, jeweils mehrere solcher Markierungen anzubringen, da die Igel ihre Stacheln nach einer gewissen Zeit ersetzen. Die Markierung von einem Wildtier darf nur mit einer speziellen amtlichen Bewilligung durchgeführt werden. Eine individuelle Erkennung der untersuchten Tiere ist z. B. für die Fang-Wiederfang Methode wichtig, wobei die Dichte einer Tierart in einem Gebiet geschätzt

werden kann. In mehreren Rundgängen werden dabei Igel gesucht, gefangen, markiert und wieder freigelassen. Beim nächsten Rundgang trifft man vielleicht bereits einige markierte Tiere wieder an. Aufgrund des Verhältnisses von gefundenen markierten und nicht-markierten Tieren kann man dann die effektive Populationsgröße schätzen. Seit einigen Jahren werden auch vermehrt Artenspürhunde in der Igelforschung und im Igelschutz eingesetzt. Solche Hunde sind darauf trainiert den Geruch der Igel zu erkennen und diese im Feld zu erschnüffeln. Damit können beispielsweise Igel für eine wissenschaftliche Studie effizienter gefunden werden.

Igel mit älterem Telemetriesender aus den 1990er-Jahren und markierten Stacheln, die dabei helfen, den Igel wiederzuerkennen.

Igel mit individuellen Stachel-Markierungen.

Input

Igel in Bayern

von Annika Lange, Landesbund für Vogelschutz, Bayern, Deutschland

Der Landesbund für Vogelschutz (LBV) und der Bayerische Rundfunk starteten 2015 zusammen das Citizen Science Projekt «Igel in Bayern». 2018 wurde es ganz vom LBV übernommen. Ziel des Projektes ist es, die Entwicklung der bayerischen Igelbestände zu untersuchen. Dabei geht es sowohl darum, die Verbreitung des Igels zu untersuchen als auch darum, regionale Einflüsse beispielsweise durch für Igel besonders tödliche Straßen auszumachen. Mithilfe der Ergebnisse können Erkenntnisse über Ursachen einer potenziellen Bedrohung des Igels erlangt werden. Dazu gehören beispielsweise der Rückgang geeigneter Lebensräume, Verkehr oder lang- und kurzfristige klimatische Veränderungen. Auch können anhand der Ergebnisse lokale Schutzmaßnahmen ausgearbeitet und umgesetzt werden.

Das Citizen Science Projekt

Das Projekt ist – wie alle Citizen Science Projekte – auf eine möglichst große Anzahl an Teilnehmer*innen angewiesen. Diese sollen jeden gesichteten Igel in Bayern melden – ob lebendig oder tot, jung oder ausgewachsen, auf der Straße oder im Garten. Dabei gibt es zwei Wege, um als Igel-Melder*in aktiv zu werden: Einzelmeldungen können sofort und ohne Anmeldung auf der Website www.igel-in-bayern.de oder in der dazugehörigen App «Igel in Bayern» gemeldet werden. Hierbei können auch genauere Angaben über Tageszeit, Zustand des Igels oder Qualität des Lebensraums gemacht werden. Zusätzlich kann man sich auch als Igel-Pendler*in registrieren. Voraussetzung hierfür sind eine regelmäßige Pendelstrecke von über zehn Kilometern (Auto oder Fahrrad) sowie die Anmeldung durch eine E-Mail an igel@lbv.de. Mit individueller Pendler-Nummer und einem dazugehörigen Igel-Fahrtenbuch können dann tote Igel auf der angegebenen Strecke gemeldet werden. Anhand dieser zweiten Methodik lassen sich detailliertere Vergleiche darüber anstellen, welche Straßen besonders gefährlich für den Igel sind.

Erkenntnisse und Erfolge

Jährlich gehen durchschnittlich mehr als 15 000 Meldungen ein. Mithilfe der bisherigen Daten konnten bereits konkrete Erkenntnisse erlangt werden. So fällt der Igel zur Paarungszeit (Mai bis Juli) besonders häufig dem Verkehr zum Opfer. Außerdem wurde ein Überblick über besonders gefährliche Straßen geschaffen, der in den nächsten Jahren dabei helfen wird, lokale Schutzmaßnahmen für den Igel an besonders riskanten Stellen zu ergreifen. Infrage kommen hierfür möglicherweise Geschwindigkeitsbegrenzungen oder Schutzzäune an besonders gefährlichen Straßen.

Für eine zuverlässige Aussage zur langfristigen Bestandsentwicklung oder über den Einfluss des Klimas ist es noch zu früh. Deshalb ist es besonders wichtig, dass auch in Zukunft viele Igel-Melder*innen jeden gesichteten Igel melden. Nur so können wir den langfristigen und umfassenden Schutz des Igels in Bayern gewähren.

Wenn auch Sie die Forschung über das Wohlergehen des Igels in Bayern unterstützen wollen, besuchen Sie www.igel-in-bayern.de oder wenden Sie sich an den Landesbund für Vogelschutz, wenn Sie Igel-Pendler*in werden wollen.

Weiterführende Informationen

www.igel-in-bayern.de

Website: www.lbv.de

Die Autorin

Annika Lange wuchs in einem kleinen Dorf in Mittelfranken inmitten von Wäldern und Feldern auf. Schon früh stellte sie fest, dass Natur, Tiere und Pflanzen ihre Leidenschaft sind. Nach ihrem Studium der Biologie arbeitet sie beim LBV in Hilpoltstein und betreut hier neben diversen Igel-Projekten auch den Themenbereich naturnahes Gärtnern.

Input

Igel in Berlin

von Anne Berger, Leibniz-Institut für Zoo- und Wildtierforschung, Berlin, Deutschland

«Igel in Berlin» ist ein seit 2013 laufendes Langzeit-Forschungsprojekt des Leibniz-Instituts für Zoo- und Wildtierforschung (IZW) des Forschungsverbunds Berlin e.V. (www.leibniz-izw.de). Das Projekt untersucht die Lebensweise von Igeln in einer Großstadt. Dabei wird versucht, folgende Fragen zu beantworten: In welchen Lebensräumen kommen Igel in Berlin überhaupt vor und in welchen nicht? Gibt es Inselpopulationen (also genetisch voneinander isolierte Populationen) bzw. Wanderkorridore zwischen einzelnen Igel-Populationen innerhalb der Stadt? Gibt es Unterschiede im Winterschlafverhalten, im Nahrungsspektrum, in der Parasitenbelastung, Fortpflanzungsrate oder Sterblichkeit zwischen «Stadt- und Landigeln»? Wie beeinflussen die geballten menschlichen Aktivitäten das Verhalten der Igel (findet z. B. eine Unterbrechung des Winterschlafes statt oder nimmt die Nachtaktivität zu)? Das Forschungsprojekt soll im Ergebnis konkrete Empfehlungen zur Verknüpfung von Igelschutz-Maßnahmen und städtischer Flächengestaltung geben.

Zur gezielten Suche nach Igeln verwenden wir einen selbst ausgebildeten Igelsuchhund. Es wird eine digitale Igeldatenbank geführt, in die alle Informationen und Daten einfließen, die in dem Projekt berlinweit gesammelt werden. Zur vergleichbaren und langfristigen Bestandserfassung wird sich hierbei der Hilfe Berliner Bürger (Citizen Science) bedient, die in die Methode von Igelsuchläufen eingearbeitet wurden. Von allen gefundenen Igeln werden Speichelproben genommen, die genetisch analysiert werden. Durch die Besenderung einiger Igel mit Telemetriegeräten wird deren Bewegungsverhalten aufgezeichnet und deren Habitatnutzung, Streifgebietsgröße und Reaktion auf menschliche Einflüsse untersucht. Geplant sind zudem Untersuchungen zur Auswirkung verschiedener Umwelteinflüsse auf das Winterschlafverhalten, die zum Teil an Igeln in einer Feldforschungsstation durchgeführt werden. Tot aufgefundene Igel werden – wenn es die Reste zulassen – auf ihre Todesursache untersucht.

Unsere Forschung hat bereits viele Einblicke in die Lebensweise der (Berliner) Igel ermöglicht. Wir entwickelten eine Methode, die es erlaubt, Igel relativ langfristig (bis zu 40 Tage) und tierschutzgerecht mit Daten-Loggern auszustatten. Mit diesen Loggern können wir detailliert und kontinuierlich das Verhalten und den Aufenthaltsort der Igel aufzeichnen. Mit dieser Methode war es uns deshalb auch möglich, die Reaktion der Igel während des –Lollapalooza-Festivals– (mit rund 140 000 Menschen an zwei Tagen

Die Igel wurden individuell markiert.

Für genetische Untersuchungen wurde den Berliner Igeln eine Speichelprobe entnommen.

in einem 80 Hektaren großen Park) zu verfolgen. Die Igel reagierten individuell sehr unterschiedlich auf die Störung, sogar so unterschiedlich, dass man bei einer einfachen Mittelung der Daten über alle Tiere die Reaktionen der Tiere nicht hätte feststellen können. Dieses sehr unterschiedliche Verhalten der Igel stellt wahrscheinlich eine der wichtigsten Voraussetzungen für ein erfolgreiches Überleben in den sich schnell verändernden, städtischen Umgebungen dar.

Entgegen Forschungsergebnissen an Igeln in Zürich konnten wir zeigen, dass die Berliner Igelpopulation genetisch nicht in einzelne Gruppen aufgespalten ist, obwohl auch hier in großen Berliner Parks frühe Anzeichen von Inzucht zu erkennen sind. Dies ist entweder dem Aussetzen der Igel durch den Menschen geschuldet oder berlinweiten Wanderungen von einzelnen Igeln. Um gänzlich darüber Klarheit zu gewinnen, sind Folgestudien nötig.

Fachlich fundierte Information über die Lebensweise und über Möglichkeiten des Schutzes und der Förderung von Igeln in der Stadt Berlin werden mittels Vorträgen, Zeitungsartikeln und Infoständen für die Bürger vermittelt.

Weiterführende Informationen

http://www.izw-berlin.de/de/verhalten-genetik-und-schutz-urbaner-und-suburbaner-igel-populationen.html

IGEL IN BERLIN

Die Autorin

Dr. **Anne Berger** ist promovierte Biologin und arbeitet seit mehr als 20 Jahren in der Wildtierforschung am Leibniz-Institut für Zoo- und Wildtierforschung (IZW) in Berlin.

Input

Die Igel sind los in Wien! Punks in unseren Gärten

von Silvia Winter, Universität für Bodenkultur Wien, Österreich

Naturnahe Gärten, Parks und andere Grünflächen sind wichtige Refugien für Arten, die in der modernen, ausgeräumten Kulturlandschaft im Rückgang begriffen sind. Der Igel ist eine Art, die sich unter günstigen Bedingungen auch in der unmittelbaren Umgebung des Menschen wohlfühlt und dort zum Teil sogar höhere Dichten als in der Kulturlandschaft erreichen kann. Die dichte Verbauung im Siedlungsraum und der übertriebene Ordnungssinn mancher Gartenbesitzer*innen führen jedoch häufig dazu, dass Grünflächen verkleinert werden oder zu «Tode gepflegt werden», was den Igel natürlich in Bedrängnis bringt. Da der Igel in der direkten Umgebung, also praktisch «vor der Haustür» vorkommt, bietet sich für Interessierte die Gelegenheit, diese Art relativ einfach zu beobachten. Zusätzlich ermöglicht die Zusammenarbeit mit Gartenbesitzer*innen für Forscher*innen den Zugang zu privaten Gärten.

Obwohl Igel sehr populär und praktisch unverwechselbar sind, ist nur sehr wenig über die Häufigkeit und Bestandsentwicklung in Österreich bekannt. Studien aus England konnten einen deutlichen Rückgang des Braunbrustigels nachweisen, diese Art ist auch in Österreich als potenziell gefährdet eingestuft. In Österreich kommt neben dem bekannten Braunbrustigel *(Erinaceus europaeus)* auch noch der Nördliche Weißbrustigel *(Erinaceus roumanicus)* in den östlichen Bundesländern vor.

Im Rahmen des Citizen Science Forschungsprojekts «Die Igel sind los! Punks in unseren Gärten» wird seit 2015 untersucht, welche Faktoren bei der Gartenbewirtschaftung, der Strukturausstattung der Gärten und der Umgebungsstruktur dafür verantwortlich sind, dass sich Igel in Gärten aufhalten oder fehlen. Mitmachen können alle Personen, die Zugang zu einem Garten haben. Das Projekt ist für alle Altersgruppen geeignet; junge Kinder benötigen allerdings ein wenig Unterstützung von Erwachsenen.

Das Projekt entstand aus dem Sparkling Science Forschungsprojekt «Natur vor der Haustür – Citizen Science macht Schule» in Kooperation mit 16 Schulen in Ostösterreich, in dem die Schüler*innen unter anderen auch Igel mithilfe von Igeltunneln in ihren Schul- und Privatgärten erfassten. Der Igeltunnel wurde von Dr. Richard Yarnell von der Nottingham Trent Universität in England entwickelt und stellt eine geniale, einfache und spannende Methode dar, um nachtaktive Tiere nachzuweisen. Im Inneren des Igeltunnels befindet sich eine Schüssel mit Futter, welche zwischen zwei Farbflächen (bestrichen mit ungiftiger Farbe) platziert ist. Angelockt durch das Futter läuft der Igel (oder auch ein anderes Tier) über diese Farbflächen und hinterlässt seine Fußspuren auf einem Blatt Papier. Neben diesen Fußabdrücken oder Fotos von direkten Igel-Sichtungen geben die Freiwilligen auch einige Eckdaten zur Bewirtschaftung und Struktur ihrer Gärten an. Sämtliche Informationen über das Projekt (u. a. Protokoll, Spuren-Bestimmungsbögen) stehen online zur Verfügung (igelimgarten.boku.ac.at).

Im ersten Projektjahr (2015) wurden 89 Igelerhebungen in Gärten durchgeführt, davon wurden von 72 Gärten Bewirtschaftungsdaten zur Verfügung gestellt. Schüler*innen erhoben das Vorkommen von Igel in 76 Gärten. Die Methode mit den Igeltunneln hat im Sparkling Science Projekt sehr gut funktioniert, insbesondere nach einer Einschulung der Lehrer und Schüler, denen auch sämtliche benötigten Materialien zur Verfügung gestellt wurden. Im Zuge des Citizen Science Projektes mussten die Freiwilligen den Igeltunnel selbst herstellen oder die Ausrüstung bei lokalen Projektpartnern ausborgen. Das bedeutete einen höheren Aufwand.

Insgesamt konnten Igel in 72 % aller Gärten beobachtet werden (insgesamt 148 Gärten). Wenn nur die Daten von Igeltunnel berücksichtigt werden (insgesamt 86 Igeltunnel), wurden Igel in 54 % aller untersuchten Gärten nachgewiesen. Dieser Prozentsatz ist deutlich höher als die 35–38 % Igelnachweise in urbanen Gärten aus einer englischen Studie. Neben Igeln naschten vor allem auch Katzen und kleine Nagetiere vom Futter im Igeltunnel. Die ersten Auswertungen des Zusammenhanges zwischen Garteneigenschaften und Igelvorkommen zeigten, dass Igel am häufigsten in Gärten von Vororten und Dörfern nachgewiesen werden konnten. Zusätzlich konnte die Bedeutung der Abgrenzung der Gärten gezeigt werden, da Igel häufiger in Gärten mit Lücken oder ohne dichte Zäune nachgewiesen wurden. In England wurde dieses Problem bereits aufgezeigt und auch im Zuge der Hedgehog Street durch die Kampagne «Make a hole in your fence» thematisiert.

Die Landschaftsanalyse (500 Meter Radius rund um die Gärten) von 293 Gärten aus ganz Österreich zeigte, dass ein höherer Anteil an Hecken und eine höhere Distanz zu verbauten Flächen und Gebäuden einen positiven Einfluss auf das Vorkommen von Igel hatten. Die Auswertungen von Gärten mit Igeltunneln zeigte ein ähnliches Ergebnis: Laubhaufen, Hecken, eine höhere Landschaftsdiversität, eine geringere

Distanz zu Grünflächen und eine höhere Distanz zu Gemeindestraßen erhöhte die Wahrscheinlichkeit, Igel in Gärten antreffen zu können.

Die Igeltunnelmethode ist kostengünstig und eignet sich sehr gut für die Erfassung der nachtaktiven Tiere. Durch das Hochladen der Spurenbelege ist eine Qualitätskontrolle der erfassten Daten möglich. Der Igel spielt eine wesentliche Rolle für die Bewusstseinsbildung für naturnahe Gartengestaltung und wird derzeit auch in unterschiedlichen Gartenlabels für Naturgärten beworben (zum Beispiel: Natur im Garten – naturimgarten.at).

Weiterführende Informationen

igelimgarten.boku.ac.at

Igeltunnel im Einsatz.

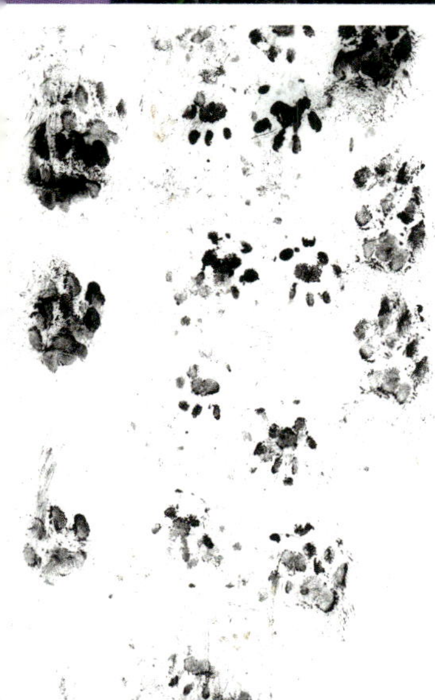

Die Autorin
Dipl.-Ing. Dr. nat. techn. **Silvia Winter** arbeitet seit 2005 als Agrarökologin an der Universität für Bodenkultur Wien im interdisziplinären Spannungsfeld Mensch, Natur und Umwelt.

Oben: Ein Jungigel, der im Rahmen des Forschungsprojekts gefunden wurde.

Links: Igelspuren (in der Mitte) und Katzenspuren am Rand des Spurenblattes im Igeltunnel.

Input

Die Schweizer Bevölkerung erforscht die Igel

von Anouk-Lisa Taucher und Sandra Gloor, Wilde Nachbarn, Schweiz

Im Rahmen der Datenaufnahme für den neuen Schweizer Säugetieratlas wurde 2018 das schweizweite Igelprojekt «Igel gesucht» durchgeführt. In diesem Projekt wurde auf die Methode von Citizen Science zur Erforschung der Igel gesetzt. Citizen Science, übersetzt Bürgerwissenschaften, bedeutet, dass sich freiwillige Mitarbeiterinnen oder interessierte Hobbyforscher an einem wissenschaftlichen Projekt beteiligen (siehe Input «Citizen Science: Gemeinsam Wissen schaffen»). Damit bietet Citizen Science die Möglichkeit, Wissenschaft praxisnah zu gestalten und in kurzer Zeit viel mehr Daten zu sammeln, als sonst möglich wäre.

Fragestellungen rund um den Igel eignen sich aus folgenden Gründen besonders für den Einsatz von Citizen Science: Erstens ist die Tierart auch für Laien eindeutig bestimmbar, zweitens gibt es einfache Methoden, die für den indirekten Nachweis eingesetzt werden können (z.B. Spurentunnel, Kamerafalle etc.) und drittens genießen Igel in der Bevölkerung große Sympathien und können damit viele Menschen für eine Mitarbeit motivieren.

Igelforscherin mit einem Igel im Rahmen der Igelzählung in der Stadt Zürich.

Den Igeln auf der Spur

Die Freiwilligen konnten sich auf zwei Arten aktiv beteiligen: Auf Meldeplattformen (wildenachbarn.ch/stadtwildtiere.ch) konnten sie einerseits zufällig gemachte Beobachtungen von Igeln aus der ganzen Schweiz eintragen. Im Jahr 2018 gingen so schweizweit 3908 Meldungen von Igelbeobachtungen auf den Meldeplattformen ein. Andererseits hatten die Freiwilligen die Möglichkeit, sich an einem systematischen Spurentunnelprojekt zu beteiligen. Dabei kam eine Methode zum Einsatz, welche in England entwickelt wurde. Hierfür wurde eine bestimmte Anzahl Untersuchungsgebiete, von der Größe 1 × 1 Kilometer, ausgewählt, in denen aus den letzten zehn Jahren keine Igelbeobachtungen vorlagen, die jedoch potenziellen Igellebensraum enthielten. Innerhalb dieser Untersuchungsgebiete wurden zehn Spurentunnel ausgebracht und während fünf Tagen täglich auf Spuren kontrolliert. Jeder Spurentunnel enthielt eine Einlage mit zwei Papierstreifen, zwei Farbstreifen und einem Köder. Lief ein Igel durch den Tunnel, hinterließ er seine arttypischen Fußabdrücke auf dem Papier. Die Freiwilligen übernahmen die Standortsuche, das Platzieren, Kontrollieren und Abräumen der Spurentunnel.

Spurentunnel mit Einlage und Igelspuren.

Spannende Resultate dank über 3100 Stunden freiwilliger Mitarbeit

Dank des engagierten Einsatzes von 160 Freiwilligen wurden in 156 Quadraten, verteilt über die ganze Schweiz, Spurentunnel aufgestellt und kontrolliert, wobei die Daten von 144 Quadraten verwendet werden konnten. In 284 der 1440 ausgewerteten Spurentunnel (19 %) und 73 der 144 Untersuchungsgebieten (51 %) konnten Igelnachweise erbracht werden.

Vom Feld- zum Stadtbewohner

Der Anteil des Siedlungsraumes pro Untersuchungsgebiet (Kilometer-Quadrat) hatte einen positiven Einfluss auf die Wahrscheinlichkeit, Igel nachzuweisen. Ab einem Siedlungsraumanteil von circa 20 % in einem Kilometerquadrat wurden im Schnitt mehr Igelspuren in den Spurentunneln gefunden als in Gebieten mit weniger Siedlungsraumanteil. Igel sind demnach heute eher in Wohnquartieren von Dörfern und Städten zu finden als im ländlichen, intensiv genutzten Landwirtschaftsgebiet. Weitere Untersuchungen aus verschiedenen europäischen Ländern zeigten außerdem, dass Igel im Siedlungsraum in höheren Dichten vorkommen als in ländlichen Gebieten.

Ein Rückgang der Igelpopulation in der Schweiz?

Detailliertere Untersuchungen aus der Stadt Zürich mit denselben Methoden zeigten außerdem auf, dass die städtische Igelverbreitung zwischen 1992 und 2016 bis 2018 um 17,6 % zurückgegangen ist und sich die Zahl der Igel um 40,6 % verringert hat. Zumindest in urbanen Siedlungsräumen kann demzufolge von einem Rückgang der Igelpopulation gesprochen werden. Auch in ländlichen Gebieten haben Studien in verschiedenen Ländern Europas einen Rückgang der Igelpopulationen festgestellt. Schweizweit fehlen für eine solche Analyse bisher Vergleichsdaten. Die 2018 erarbeiteten Daten dienen nun als Basis, um zukünftig einen möglichen Rückgang erfassen zu können. Die möglichen Gründe für den Rückgang werden in diesem Kapitel detaillierter diskutiert.

Die Autorin
Dr. **Sandra Gloor** ist Wildtierbiologin und arbeitet seit mehr als 20 Jahren in der Geschäftsleitung der Arbeitsgemeinschaft SWILD mit den Schwerpunkten Stadtökologie, Wildtierforschung und Kommunikation.

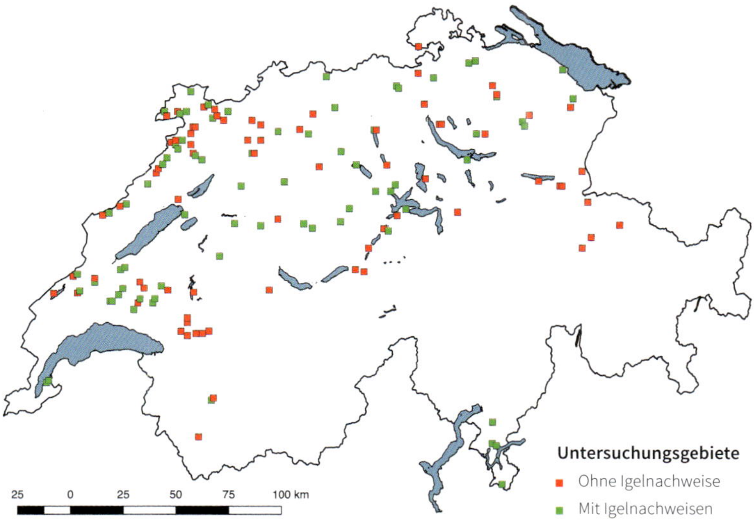

Untersuchungsgebiete in der Schweiz, in welchen im Igelprojekt 2018 je 10 Spurentunnel aufgestellt wurden (144 Quadrate). Die grünen Quadrate zeigen Gebiete, wo Igelspuren in den Spurentunnel nachgewiesen werden konnten, die roten Quadrate bezeichnen Untersuchungsgebiete ohne Igelnachweise.

Weiterführende Informationen

wildenachbarn.ch

NOS VOISINS SAUVAGES

WILDE NACHBARN

Dieses Kamerafallenbild zeigt einen Igel, der gerade durch den Spurentunnel gelaufen ist.

Input

Citizen Science: Gemeinsam Wissen schaffen

von Sandra Gloor und Anouk-Lisa Taucher,
SWILD – Stadtökologie, Wildtierforschung, Kommunikation

Unter dem Begriff «Citizen Science» werden wissenschaftliche Projekte zusammengefasst, die unter Mithilfe oder komplett von interessierten Laien durchgeführt werden. Citizen Science ist in den letzten Jahren zu einem Schlagwort geworden. Doch dieser Trend ist nicht etwa eine Neuheit. Viele Naturforscher vergangener Zeiten waren Laien, bevor im Laufe des 19. Jahrhunderts eine Professionalisierung der Naturwissenschaften stattfand und Forschung und Lehre mehr und mehr im akademischen Rahmen durchgeführt wurde.

Das Spektrum der Themen, in denen inzwischen Citizen Science angewandt wird, ist extrem breit. Heutzutage sind so gut wie alle wissenschaftlichen Disziplinen vertreten, von der Raumfahrt über die Humanwissenschaften und die Verhaltensbiologie bis zur Laborforschung in der Chemie. Die Aufgaben sowie die Zeitinvestition der Freiwilligen sind dabei ebenso vielfältig wie die Disziplinen, in denen sie angewandt werden. Fortlaufend werden neue Forschungsbereiche für die Citizen Science erschlossen. Viele Bereiche in der Wissenschaft eignen sich für Citizen Science. Je nach Bereich und Thema ist die Beteiligung von Freiwilligen bei allen Phasen eines Projekts, von der Planung bis zur Datenauswertung, denkbar. Bisher werden die Freiwilligen nur selten bereits in den Planungsprozess miteinbezogen. Dabei wäre dies für viele Freiwillige eine zusätzliche Motivation für die Teilnahme und würde ihnen ermöglichen, die Forschung in eine Richtung zu lenken, die für sie bedeutend ist. Auch die Wissenschaftler*innen können von der Hilfe in der Projektplanung profitieren, da eine gute, lokale Verankerung eines Projekts durch begeisterte und engagierte Teilnehmende über das Gelingen eines Projekts entscheiden kann.

Das Aufleben vieler Citizen Science-Projekte ist zum größten Teil den modernen, technischen Möglichkeiten von Internet und Social Media zu verdanken. Sie erlauben es erst, eine breite Bevölkerung zu mobilisieren und mit ihr zu kommunizieren. Für gewisse Projekte werden Apps entwickelt, welche die Durchführung des Auftrages im Feld und die Datenübermittlung um ein Vielfaches vereinfachen.

Ob von zu Hause aus am Computer, im eigenen Garten oder bei der organisierten Feldarbeit im Untersuchungsgebiet, jede Person hat die Möglichkeit, sich je nach

Drei Freiwillige bei der Kartierung von Stadtbäumen in einem Projekt zur Untersuchung des Eichhörnchen-Lebensraums.

Belieben in Citizen Science-Projekten einzubringen. Die Teilnahme an einem Citizen Science-Projekt bewirkt bei den Beteiligten oft ein höheres Bewusstsein für Natur und Umwelt und stärkt die Motivation, selbst über das Projekt hinaus aktiv zu werden. Wenn mögliche Einschränkungen, insbesondere bei der Datenanalyse, berücksichtigt werden, dann eröffnet sich ein riesiges Potenzial an Möglichkeiten, um Daten und Beobachtungen zu sammeln. Damit kann neues Wissen generiert werden und Wissenschaft wird erlebbar. Auf der Seite der Wissenschaftler*innen braucht es dazu Mut und Bereitschaft, die Wissenschaft zu öffnen und Freiwillige auch in gut behütete Bereiche einzubeziehen. Wenn dies gelingt, kann damit tatsächlich ein gegenseitiger Austausch zwischen Gesellschaft und Wissenschaft erreicht werden.

Text aus Citizen Science: Gemeinsam Wissen schaffen – Fauna Focus, shop.wildtier.ch

Die Autorin

Dr. **Sandra Gloor** ist Wildtierbiologin und arbeitet seit mehr als 20 Jahren in der Geschäftsleitung der Arbeitsgemeinschaft SWILD mit den Schwerpunkten Stadtökologie, Wildtierforschung und Kommunikation.

Freiwillige mit einem Igel während einer Populationszählung in Zürich.

Wildtier-Exkursion mit einer Gruppe von Freiwilligen.

6 Häufig gestellte Fragen

Input: Igel Steckbrief

Der Igel ist wegen seines Stachelkleides unverkennbar. Im deutschsprachigen Raum kommt vor allem der Braunbrustigel *(Erinaceus europaeus)* vor. Im Osten Österreichs ist hingegen der sehr ähnliche und schwierig zu unterscheidende Nördliche Weißbrustigel verbreitet *(Erinaceus roumanicus)*.

Lebensraum: Gärten, Parks, Grünanlagen, Wiesen oder Rasen, extensiv bewirtschaftete Landwirtschaftsgebiete, Randbereiche von Feldern und Laubwäldern.

Nahrung: Tierische Kost, vor allem Wirbellose wie Würmer, kleine Schnecken, Ohrwürmer oder Käfer und deren Larven.

Lebensweise: Nachtaktiv; der Tag wird in Nestern im hohen Gras, in Büschen oder in Hohlräumen unter Asthaufen, Paletten oder Ähnlichem verschlafen.

Aktivitätszeit: Winterschlaf von Oktober/November bis März/April.

Sozialverhalten: Einzelgänger, nicht territorial.

Fortpflanzung und Entwicklung: Tragzeit 35 Tage, 2–10 Junge von Juni–September, unabhängig mit 5–6 Wochen, geschlechtsreif nach 1 Jahr.

Alter: Durchschnittliche Lebenserwartung 2,5 Jahre, die wenigsten Igel werden mehr als 5 Jahre alt.

Feinde: Dachs, Uhu, Mensch (z. B. Straßenverkehr, Gartengeräte, Lebensraumzerstörung und Pestizideinsatz).

Gefährdung: Global nicht gefährdet, jedoch gebietsweise gefährdet und Populationsgröße abnehmend.

a. 10 cm lange Beine für lange
Streifzüge: 1–5 km pro Nacht
Spitze Schnauze
mit exzellentem Riechvermögen
Kleine, jedoch
hervorstehende Ohren
Halbkugelige Körperform,
mit hochspezialisiertem
Einkugelungsmechanismus
5000–8700, etwa 2 cm lange
Stacheln aus Horn
Kurzer Schwanz
(meistens nicht zu sehen)
20–30 cm lang
800–1500 g schwer
(mit Fettreserven
für den Winterschlaf)

Wie erkenne ich, ob in meinem Garten ein Igel lebt?

Es gibt verschiedene Möglichkeiten, einen Igel im eigenen Garten nachzuweisen. Die einfachste Methode ist, sich nach Sonnenuntergang ruhig in den Garten zu setzen und abzuwarten, ob man Igel sieht. Man kann sich auch tagsüber auf die Suche nach Spuren begeben. Selten kann man den Kot eines Igels finden, dieser ist etwa so groß wie der kleine Finger und meist sehr dunkel (fast schwarz). Außerdem können kleine Löcher in der Wiese die Anwesenheit von einem Igel verraten. Diese Löcher werden mit der Schnauze auf der Suche nach Engerlingen und Würmern gegraben. Weiter können Hilfsmittel wie eine Wildtierkamera oder ein Spurentunnel helfen, Igel nachzuweisen.

Falls Sie einen Igel in Ihrem Garten haben, heißt dies nicht, dass er nur in Ihrem Garten wohnt. Igel wandern ungefähr 0,5–1,5 Kilometer weit auf der nächtlichen Futtersuche. Ein Igel besucht also in einer Nacht viele verschiedene Gärten und Parks auf der Suche nach Futter; ein Garten alleine reicht meistens nicht. Manchmal können gleich mehrere Igel im Garten entdeckt werden, da Igel nicht territorial sind.

> Mehr dazu siehe Kapitel 4, «Igel im Garten? Igel im Garten!»

Ich hätte gerne einen Igel im Garten, was kann ich tun?

Die beste Methode, um einen Igel anzulocken, ist es, **den eigenen Garten naturnah zu gestalten:** Lassen Sie gewisse Ecken Ihres Gartens etwas wilder wachsen, schaffen Sie Versteckmöglichkeiten (z. B. Asthaufen), lassen Sie Laub liegen, verzichten Sie auf Dünger und Pestizide, neutralisieren Sie mögliche Gefahren (z. B. offene Schächte und steilwandige Teiche durch das Anbringen einer Ausstiegshilfe) und stellen Sie sicher, dass der Igel in Ihren Garten gelangen kann (z. B. Zwischenstufen anlegen oder Tunnels unter dem Zaun hindurchlegen). Anders als Futter ist das Anbieten von **Wasser** sinnvoll. Siedlungsräume sind oft eher trockene Gebiete; viele Tiere schätzen die angebotene Trink- und Bademöglichkeit. Achten Sie aber darauf, die Wasserschale regelmäßig zu reinigen und das Wasser zu wechseln. Einen Igel in den eigenen Garten umzusiedeln, ergibt wenig Sinn und ist nicht erlaubt. Igel sind in Deutschland, Österreich und der Schweiz von Gesetzes wegen geschützt und es ist verboten sie einzufangen. Es ist auch davon abzuraten, die Igel mit Futter anzulocken: Das künstliche Futter ist für Igel nicht so gesund wie ihr natürliches Futter. Außerdem besteht die

Möglichkeit der Krankheitsübertragung an den Futterstellen und der zu starken Gewöhnung von Füchsen und Dachsen an Menschen.

> Mehr dazu siehe Kapitel 4, «Igel fördern – Was kann ich tun?»

Was soll ich tun, wenn ich draußen einen Igel sehe?

Freuen Sie sich über diese wahrscheinlich nicht alltägliche Begegnung und beobachten Sie das Tier aus der Distanz. Igel sind Wildtiere und kommen gut ohne menschliche Hilfe zurecht, es ist also in den allermeisten Fällen nicht nötig, den Tieren zu helfen. Dies gilt auch für den Siedlungsraum: Igel kennen ihr Streifgebiet und queren mehrere Straßen pro Nacht.

In Deutschland, Österreich und in der Schweiz gibt es zahlreiche Citizen Science Projekte, bei denen sich Bürgerinnen und Bürger bei der Datenerhebung und Erforschung von Wildtieren aktiv beteiligen können. Einige dieser Projekte sammeln Beobachtungen von Wildtieren, um deren Vorkommen und Verbreitung zu erforschen. Melden Sie Ihre Beobachtungen von toten und lebendigen Wildtieren und deren Spuren bei den entsprechenden Citizen Science Projekten.

> Mehr dazu siehe Inputs in Kapitel 5

Was tun, wenn ich einen lebenden Igel mitten auf der Straße finde?

Wenn Sie mit dem Auto unterwegs sind, so halten Sie an. Hupen Sie nicht und blenden Sie das Tier nicht mit den Scheinwerfern/dem Fernlicht. Warten Sie am besten, bis der Igel die andere Straßenseite erreicht hat. Hat der Igel vor Schreck seine Abwehrhaltung eingenommen, so können Sie ein Tuch nehmen und das Tier darin in seiner Laufrichtung auf die andere Straßenseite tragen. Achten Sie dabei aber auf jeden Fall auf Ihre eigene Sicherheit!

Allgemein gilt: Fahren Sie bei Dämmerung und in der Nacht mit angemessener Geschwindigkeit und mit Bremsbereitschaft, vor allem auf Quartierstraßen und wenn Hecken den Straßenrand säumen.

> Mehr dazu siehe Kapitel 4, «Fallen und Gefahren für Igel erkennen und beheben»

Was soll ich tun, wenn ich im Winter einen Igel sehe?

Obwohl Igel die Zeit von Oktober/November bis März/April im Winterschlaf verbringen, ist ein im Winter aktiver Igel an sich kein Grund zur Sorge – insbesondere in

milden Winterperioden sind immer wieder Igel unterwegs und ergänzen ihre Winterreserven mit zusätzlicher Nahrung. Es kann aber auch sein, dass ein Igel unterwegs ist, weil sein Nest unbewohnbar geworden ist und er ein neues suchen muss. Falls Sie also im Winter bei Schnee einem Igel begegnen und sich Sorgen machen, beobachten Sie ihn aus der Ferne genau. Gibt es Anzeichen dafür, dass er krank, abgemagert oder verletzt ist, melden Sie sich bei Ihrer nächsten Igel-Auffangstation.
> Mehr dazu siehe Input «Igelzentrum»

Wie kann ich Igeln helfen?

Igel sind sehr gut an ihren Lebensraum angepasst und benötigen normalerweise keine menschliche Hilfe. Sie können den Tieren jedoch unter die Ärmchen greifen, indem Sie Ihren **Garten möglichst naturnah gestalten** oder sich für naturnahe Lebensräume in Ihrer Siedlung oder in Ihrer Umgebung einsetzen. Machen Sie Ihren Garten für Igel zugänglich und lassen Sie in einigen Bereichen etwas Wildheit zu. Lassen Sie dazu z. B. das Laub liegen und schaffen Sie Asthaufen als Verstecke. Am besten verzichten Sie ganz auf Dünger und Pestizide. Gefahren wie z. B. offene Schächte und steilwandige Teiche sollten neutralisiert werden. Igel und andere Wildtiere schätzen auch Wasserschalen, da Siedlungsräume oft trockene Gebiete sind. Diese Wasserschalen sollten Sie jedoch regelmäßig reinigen und mit frischem Wasser füllen. Von einer Fütterung von Wildtieren raten wir ab (siehe Kapitel 3, «Soll ich Igel füttern?»).
> Mehr dazu siehe Kapitel 4

Was soll ich tun, wenn ich einen kranken oder verletzten Igel finde?

Wenn Sie einen Igel sehen, bei dem Sie nicht sicher sind, ob er Hilfe benötigt, beobachten Sie ihn zuerst für eine Weile aus der Ferne. Sieht der Igel krank aus (z. B. abgemagert, mit Fliegenmaden übersäht), sind Verletzungen sichtbar oder finden Sie von der Mutter verlassene, unbehaarte Igelbabies außerhalb ihres Nestes, so **melden Sie sich als Erstes unbedingt bei Ihrer nächsten Igelstation oder bei einem Tierarzt/Tierärztin,** um abzuklären, was im individuellen Fall zu tun oder zu lassen ist. Im Falle der Igelbabies: Wärmen Sie diese so schnell wie möglich mit einer Wärmeflasche. Bereits behaarte Jungigel sind höchstwahrscheinlich schon selbstständig und benötigen keine Hilfe, wenn sie ansonsten einen gesunden Eindruck machen. Finden Sie einen solchen Jungigel im Spätherbst und wiegt er **weniger als 500 g**, kann es sinnvoll sein, dem Tier im Freien Futter bereitzustellen (melden Sie sich aber auch hier zuerst bei einer Fachperson und nehmen Sie den Igel nicht mit zu sich ins Haus).

> Mehr dazu siehe Input «Igelzentrum»

Soll ich Igel füttern?

Igel sollten generell **nicht gefüttert** werden. Sie sind Wildtiere, die gut ohne menschliche Hilfe in ihrem Lebensraum zurechtkommen. Eine Fütterung kann mehr schaden als nützen. Es gibt jedoch einige wenige Ausnahmen: Findet man zu leichte Tiere im Spätherbst (unter 500 g) sowie früh aus dem Winterschlaf erwachte Tiere im Spätwinter/Vorfrühling bei einem gleichzeitigen Kälteeinbruch, kann es sinnvoll sein, den Igeln nasses Katzen- oder Hundefutter bereitzustellen. Eine solche Fütterung muss aber so schnell wie möglich wieder eingestellt werden und sollte zuerst mit einer **Fachperson von einer Igel-Auffangstation abgesprochen** werden. Das künstliche Futter, inklusive eigens für Igel entwickeltes «Igelfutter» ist für Igel nicht so gesund wie ihre natürliche Nahrung. Milch darf auf keinen Fall gegeben werden, da Igel den darin enthaltenen Milchzucker nicht verdauen können und Durchfall bekommen. Auch pflanzliche Kost wie Brot, Rosinen, Nüsse und Äpfel dürfen nicht gefüttert werden, da der Magen-Darm-Trakt der Igel, der auf die Verwertung von tierischer Kost abgestimmt ist, diese nicht verdauen kann. Gezuckerte Speisen wie beispielsweise Kekse sind ebenfalls gänzlich ungeeignet. Außerdem erhöhen die Futterstellen das Risiko für Krankheitsübertragungen zwischen den Tieren und der zu starken Gewöhnung von ebenfalls angelockten, eventuell unerwünschten Wildtieren wie Füchsen, Dachsen und Ratten. Zu zahme Füchse und Dachse müssen oft geschossen werden. Um diese Tiere von der Igelfutterstelle fernzuhalten, sollte diese nur für Igel zugänglich sein.

> Mehr dazu siehe Kapitel 3, «Soll ich Igel füttern?» sowie in Kapitel 4, «Zufütterung vermeiden, dafür Trinkgelegenheiten anbieten»

Gehören Igel nicht eher aufs Land als in die Stadt/ins Siedlungsgebiet?

Igel brauchen einen reich strukturierten Lebensraum mit Kleinstrukturen (z. B. Hecken und Asthaufen), um sich zu verstecken, sowie offene Wiesenflächen für die Nahrungssuche. Die heutigen, oft intensiv bewirtschafteten und deshalb ausgeräumten Landwirtschaftsgebiete bieten wegen ihrer Uniformität den Igeln kein Zuhause mehr. Die naturbelassenen Gärten und Grünanlagen der Siedlungsgebiete bieten Igeln hingegen einen idealen Lebensraum mit einer großen Strukturvielfalt, Versteckmöglichkeiten und offenen Flächen zur Nahrungssuche.

> Mehr dazu siehe Kapitel 3, «Wo leben Igel?»

Machen Igel Geräusche?

Igel können verschiedenste Geräusche von sich geben. Auf der Suche nach einem Igel lohnt es sich die Ohren zu spitzen. Oft hört man den Igel, bevor man ihn sieht. Ein Igel auf Nahrungssuche verrät sich durch das Rascheln im Gebüsch oder durch sein Schnüffeln. Lauter zu und her geht es bei der Paarung, dem sogenannten «Igelkarussell». Dabei versucht das Männchen beim Weibchen aufzusitzen, dieses schubst ihn weg und faucht dabei unentwegt. Dieses Spektakel kann sich über Stunden, ja sogar Tage hinwegziehen. Lungenwürmer, Parasiten, welche die Lungen des Igels befallen, können bei Igeln auch ein Keuchen oder Husten auslösen, welches gut hörbar ist.

> Mehr dazu siehe Kapitel 3

Können Igel schwimmen?

Ja, Igel sind ziemlich gute Schwimmer. Trotzdem können Gartenteiche oder Schwimmbäder mit steilen Außenwänden zur Todesfalle werden, wenn sich der Igel nicht mehr daraus befreien kann. Mit einer einfachen Ausstiegshilfe kann Abhilfe geschafft werden.

> Mehr dazu siehe Kapitel 3, «Können Igel schwimmen?» und
Kapitel 4, «Fallen und Gefahren für Igel erkennen und beheben»

Kann ein Igel im Garten Probleme mit Haustieren bereiten?

Hunde können gesunden, erwachsenen Igeln normalerweise nichts anhaben, obwohl sich Jagdhunde trotz Stacheln in Igel verbeißen können. Jedoch können junge oder geschwächte Igel, deren Einrollmechanismus (noch) nicht richtig funktioniert, durch Hunde verletzt oder sogar getötet werden. Hunde sollten bei Dunkelheit deshalb nicht frei laufen gelassen werden. Katzen und Igel gehen sich normalerweise aus dem Weg.

Findet die Fütterung von Hunden und Katzen im Freien statt, sollte jedoch darauf geachtet werden, dass in der Nacht kein Futter draußen stehen bleibt, um keine Igel und andere Wildtiere wie Füchse und Ratten anzulocken.

> Mehr dazu siehe Kapitel 3, «Wildtiere, die Igel fressen» sowie Kapitel 4, «Haustiere»

Können Igel gefährliche Krankheiten übertragen?

Igel sind, wie alle Wildtiere, Träger einer Vielzahl von äußeren und inneren Parasiten und Krankheitserregern, die für die Tiere jedoch selbst meistens kein Problem darstellen. Viele dieser Plagegeister sind wirtsspezifisch, befallen also vor allem die Igel selbst und nicht Menschen oder ihre Haustiere. Dazu gehören beispielsweise die Igelflöhe. Zecken, gewisse Hautpilze, Salmonellen oder Leptospiren können jedoch über direkten Kontakt zum Igel oder deren Urin und Kot auch auf Menschen und Haustiere übertragen werden. Direkter Kontakt mit Igeln sollte deshalb vermieden werden. Fassen Sie Igel nie mit bloßen Händen an, sondern benutzen Sie immer Handschuhe, ein Tuch oder Ähnliches. Waschen Sie sich nach dem Kontakt mit einem Igel gründlich die Hände und Unterarme.

Ein Igel mit **Schaum vor dem Maul** ist übrigens nicht tollwütig. Bei Kontakt mit einer neuen, interessant riechenden oder schmeckenden Substanz zeigen einige Igel das eigenartige Verhalten der «Selbsteinspeichelung». Der entsprechende Gegenstand wird dabei gekaut und der entstehende, schaumige Speichel auf den Stacheln am ganzen Körper verteilt. Der Grund für dieses Verhalten ist unbekannt.

> Mehr dazu siehe Kapitel 3, «Das Einspeicheln – ein verblüffendes Verhalten»

Kann ich mir einen Igel als Haustier halten?

Die bei uns einheimischen Igel sind von Gesetzes wegen in Deutschland, Österreich und der Schweiz geschützt und dürfen nicht als Haustiere gehalten werden. Igel dürfen nur von Fachleuten und nur für eine begrenzte Zeit in Gefangenschaft gehalten werden, beispielsweise zum Behandeln von Krankheiten. Sobald das Tier geheilt ist, muss es wieder in die Freiheit entlassen werden.

Danksagung

Die Autorinnen möchten sich bei allen bedanken, die sie bei der Entstehung dieses Buches unterstützt haben. Ein großer Dank geht an alle Mitarbeiter*innen der Arbeitsgemeinschaft SWILD, Zürich, für die zahlreichen Inputs während anregenden Pausendiskussionen: Fabio Bontadina, Peter Bruggmann, Lucretia Deplazes, Adrian Dietrich, Sandra Gloor, Daniel Hegglin, Claudia Kistler, Mirco Lauper, Franziska Lörcher, Kathi Märki, Katja Rauchenstein, Friederike Schulte und Lisa Wirthner.

Ein besonderer Dank geht an Sandra Gloor, Fabio Bontadina, Claudia Kistler und Robert Zingg für ihre wertvollen Anmerkungen und Ergänzungen zum Manuskript in sehr kurzer Zeit.

Wir danken unseren Familien, Partnern und Freunden für die fortwährende, hilfsbereite und liebevolle Unterstützung, die viel zum Gelingen dieses Buches beigetragen hat. Speziell danken wir Benjamin Jost, Lucia Geiger, Alfred Geiger, Rebecca Geiger, Markus Klauenbösch, Kevin Vega, Joshua Taucher, Marlies Taucher und Richard Taucher. Herzlichen Dank für eure Unterstützung!

Wir bedanken uns herzlich bei den Autor*innen der Gastbeiträge für die angenehme und unkomplizierte Zusammenarbeit: Bernhard Bader, Anne Berger, Annekäthi Frei, Sandra Gloor, Annika Lange, Ulli Seewald, Simon Steinemann, Silvia Winter. Ein besonderes Dankeschön geht an Richard Trachsler für seinen Einblick in die kulturelle Bedeutung des Igels im Laufe der Zeit im Rahmen des Prologs. Robert J. Asher danken wir für seine Inputs zur Evolution der Igel. Ein herzlicher Dank geht auch an Christine Dobler Gross für die spannenden Informationen und Geschichten aus ihrem Naturgarten.

Für die gute Zusammenarbeit und Unterstützung bedanken wir uns herzlich beim ganzen Team vom Haupt Verlag in Bern, ganz speziell bei Martin Lind. Laura Dal Ben von pooldesign.ch danken wir für die grafische Realisierung dieses Buchprojekts.

Die Entstehung dieses Buches wurde finanziell ermöglicht durch die Unterstützung der Hedwig Karrer Stiftung der Igelfreunde Baselland sowie der SWISSLOS-Fonds der Kantone Aargau und Baselland.

Was wäre ein Igelbuch ohne Igelbilder? Wir danken allen Personen und Organisationen, die uns großzügig ihre schönen und spannenden Fotos und Abbildungen zur Verfügung gestellt haben (siehe Bildnachweis). Nigel Reeve und Hugh Warwick danken wir für die Hilfe bei der Artbestimmung und Simon Steinemann für die Hilfe bei der Bildersuche.

Wir danken allen Freiwilligen, die sich über die letzten Jahre in den Igelprojekten, die in diesem Buch vorgestellt werden, engagiert und Beobachtungen gemeldet haben und damit eine essenzielle Rolle bei der Erforschung der Igel in Europa leisten.

Nicht zuletzt möchten wir den Igeln danken, den Hauptdarstellern dieses Buches, sowie allen Igel-Forscher*innen, verteilt über ganz Europa, welche unzählige Stunden dafür einsetzen, die Biologie und Ökologie dieses Insektenfressers besser zu verstehen. Außerdem möchten wir den Igelfreunden und Igelschützern danken, die sich für einen igelfreundlicheren Lebensraum einsetzen und somit versuchen, den Rückgang dieses sympathischen Fußgängers zu stoppen.

Die Publikation dieses Buches wurde ermöglicht durch die finanzielle Unterstützung der folgenden Institutionen:

Hedwig Karrer
Stiftung der Igelfreunde Baselland

Swisslos – Kanton Aargau

Swisslos – Basel-Landschaft

Weiterführende Kontakte

In Deutschland, Österreich und der Schweiz gibt es eine große Anzahl Igel-Auffangstationen, welche kranke und verletzte Igel aufnehmen und gesund pflegen. Anstatt eine vollständige Liste abzudrucken, die unter Umständen bald an Aktualität einbüßen würde, porträtieren wir hier zwei große Igel-Organisationen aus Deutschland und der Schweiz als Beispiele. Diese stellen aktuelle Informationen zu lokalen Igel-Auffangstationen und weitere Informationen auf Ihren Webseiten zur Verfügung.

Deutschland

Pro Igel e.V.: www.pro-igel.de

Pro Igel, Verein für integrierten Naturschutz Deutschland e. V., ist der überregional bundesweit tätige Igelschutzverein Deutschlands, der sich durch Öffentlichkeitsarbeit und zahlreiche Publikationen für den Schutz des heimischen Igels einsetzt, Anleitungen zur igelfreundlichen Gestaltung unserer Umwelt und Förderung der Lebensräume sowie zur sachgemäßen Betreuung hilfsbedürftiger Igel herausgibt, Igelfinder beratend unterstützt und Forschungsarbeiten über das Wildtier Igel sammelt und fördert. Der Verein Pro Igel e.V. bündelt Kontakte, transportiert Wissen und Information rund um Igel, Igelschutz und die Igelhilfe in Zusammenarbeit mit Wissenschaftlern und Laien, führt Erkenntnisse und Daten aus Theorie und Praxis zum Wohl des heimischen Igels in einschlägigen Fachpublikationen auf aktuellem Stand des Wissens für jedermann verständlich zusammen. Der Verein arbeitet satzungsgemäß primär in und für Deutschland, aber auch international sind die Verlagspublikationen, Fachwissen und Beratung bei Fragen rund um Igel, Igelschutz und Igelhilfe weithin anerkannt und gefragt. Pro Igel führt oder unterhält keine Igelpflegestellen oder Igel-Auffangstationen, sondern vermittelt u.a. Igelpflegern das Know-how. Pro Igel ist sozusagen ein Fachverband von Igel-Fachleuten und kein Mitgliederverein oder Zusammenschluss von Igelfreunden. Der Verein finanziert seine umfangreiche Arbeit für das Wildtier Igel und alle an ihm Interessierten fast ausschließlich durch Spenden.

Schweiz

Igelzentrum Zürich: **www.igelzentrum.ch**

Pro Igel Schweiz: **www.pro-igel.ch**

Igel sind außerordentlich beliebt, eine unverhoffte Begegnung mit diesem stacheligen Nachbarn löst bei den meisten Menschen Entzücken aus. Diesen Umstand macht sich **Pro Igel Schweiz** bewusst zunutze. Igel sind die idealen Botschafter für naturnahe Gärten und sie sorgen als Plakatmotiv stets für Aufmerksamkeit. Deshalb ist die Pro Igel Schweiz Plakatkampagne gegen den Straßentod auch so erfolgreich und die Plakate viel bekannter als der Verein selber. Dank der vielen Igelfreunde in den Gemeindeverwaltungen werden jedes Jahr rund 2000 dieser Plakate auf den gemeindeeigenen Informationstafeln am Straßenrand aufgestellt. Damit Automobilisten zeitnah vor den stacheligen Verkehrsteilnehmern gewarnt werden, schaltet Pro Igel Schweiz seit einigen Jahren während der Nacht regelmäßig kurze Spots bei den 21 größten Privatradiostationen der Schweiz.

Der Schutz des Lebensraums der Igel ist das eigentliche Kernthema des Vereins. Pro Igel Schweiz engagiert sich für mehr Wildnis und Unordnung in den Gärten, führt Kampagnen gegen den sorglosen Gebrauch von Fadenmähern und kämpft gegen den Einsatz von Pestiziden und Kunstdüngern in den Gärten. Das Verschwinden der Insekten ist nicht nur die bisher größte Bedrohung für die Igelpopulation in der Schweiz, das Insektensterben wird auch gravierende Folgen für unsere ganze Biosphäre haben. Der Verein sieht die Folgen dieser Entwicklung jetzt schon bei seiner täglichen Arbeit und verzeichnet seit einigen Jahren eine stetige Zunahme von Anrufen wegen unterernährter Igel.

Trotz seiner großen Popularität ist das allgemeine Wissen zur Lebensweise der Igel erstaunlich gering und basiert häufig auf Legenden aus dem Mittelalter. Deshalb legt Pro Igel Schweiz viel Wert auf Information und Aufklärung. Die Merkblätter, Broschüren, DVDs, Kleber und Warntafeln sind allesamt kostenlos und der Verein ist dankbar für jeden Igelfreund, der sich um Informationen zum richtigen Umgang mit Igeln bemüht.

Weiterführende Literatur

Igel

Morris Pat. 2018. Hedgehogs. The British Natural History Collection, Whitted Books, Stansted.
Reich illustrierte, zugängliche wissenschaftliche Abhandlung in englischer Sprache.

Neumeier Monika. 2018. Igel im Garten: Helfen – Pflegen – Beobachten. Franckh-Kosmos Verlag, Stuttgart.
Detaillierter Ratgeber zur Förderung und Pflege von Igeln.

Reeve Nigel. 1994. Hedgehogs. Poyser Natural History, London.
Detaillierte wissenschaftliche Abhandlung in englischer Sprache.

Warwick Hugh. 2010. A prickly affair: The charm of the hedgehog. Penguin Books, St. Ives.
Wissenschaftlich angehauchte Liebeserklärung an die Igel. In englischer Sprache.

Igelbücher für Kinder

de Hesselle Constance. 2014. Beni im Zaubergarten. Igelzentrum Zürich.

Reichenstetter Friederun, Döring Hans-Günther. 2006. Wie kleine Igel groß werden. Arena Verlag, Würzburg.

Tracqui Valérie. 2009. Meine große Tierbibliothek: Der Igel. Thienemann-Esslinger Verlag, Stuttgart.

Naroska Friederike. 2004. Der Igel: Meyers Kinderbibliothek. Fischer Kinder- und Jugendtaschenbuch, Frankfurt am Main.

Naturnah und igelfreundlich gärtnern

Biermann Claudia. 2013. Igel im naturnahen Garten. Cadmos Verlag, München.

Bross-Burkhardt B. 2015. Lob des Unkrauts. Wilde Pflanzen in Garten und Stadt – nützlich und schön. Haupt Verlag, Bern.

Di Giulio Manuela. 2016. Förderung der Biodiversität im Siedlungsraum – Gute Beispiele und Erfolgsfaktoren. Bristol-Schriftenreihe Band 49. Haupt Verlag, Bern.

Griebl Norbert. 2015. Naturnah gärtnern – Die 140 wertvollsten Pflanzen für den Naturgarten. Haupt Verlag, Bern.

Igelzentrum Zürich. 2019. Igelfreundlicher Garten (Broschüre gratis zum Herunterladen)

Klaus Gregor & Gattlen Nicolas. 2016. Natur schaffen. Ein praktischer Ratgeber zur Förderung der Biodiversität in der Schweiz. Haupt Verlag, Bern.

Kremer Bruno P. 2014. Mein Garten – Ein Bienenparadies: Die 200 besten Bienenpflanzen. Haupt Verlag, Bern.

Nentwig Wolfgang. 2011. Unheimliche Eroberer – Invasive Pflanzen und Tiere in Europa. Haupt Verlag, Bern.

Obrist Martin K. et al. 2012. Biodiversität in der Stadt – für Mensch und Natur. Merkblatt für die Praxis 48. WSL.

Pappler Manfred & Witt Reinhard. 2001. Natur Erlebnis Räume: Neue Wege für Schulhöfe, Kindergärten und Spielplätze. Kallmeyer Verlag, Hannover.

Thomas Adrian. 2013. Gärtnern für Tiere. Haupt Verlag, Bern.

Wildtiere im Siedlungsgebiet

Ineichen Stefan, Ruckstuhl Max, Klausnitzer Bernhard. 2012. Stadtfauna: 600 Tierarten unserer Städte. Haupt Verlag, Bern.

Kegel Bernard. 2014. Tiere in der Stadt. Dumont Verlag, Köln.

Reichholf Josef H. 2007. Stadtnatur: Eine neue Heimat für Tiere und Pflanzen. Oekom Verlag, München.

Stocker Michael & Meyer Sebastian. 2012. Wildtiere – Hausfreunde und Störenfriede. Haupt Verlag, Bern.

Literaturverzeichnis

Asher RJ, Helgen KM. 2010. Nomenclature and placental mammal phylogeny. BMC Evolutionary Biology, 10(1), 102.

Asher RJ, Olbricht G. 2009. Dental ontogeny in *Macroscelides proboscideus* (Afrotheria) and *Erinaceus europaeus* (Lipotyphla). Journal of Mammalian Evolution, 16(2), 99–115.

Asher RJ. 2018. Diversity and relationships within crown Mammalia. In Asher RJ, Zachos F (Hrg.), Handbook of Zoology: Mammalia (S. 301–352). Berlin, Boston: De Gruyter.

Barthel LMF, Hofer H, Berger A. 2019. An easy, flexible solution to attach devices to hedgehogs *(Erinaceus europaeus)* enables long-term high-resolution studies. Ecology and Evolution, 9(1), 672–679.

Battersby J. 2005. UK mammals: Species status and population trends. First report by the Tracking Mammals Partnership.

Berger A, Lozano B, Barthel LMF, Schubert N. 2020. Moving in the dark – evidence for an influence of artificial light at night on the movement behaviour of European hedgehogs *(Erinaceus europaeus)*. Animals, 10(8), 1–16.

Bolfíková B, Hulva P. 2012. Microevolution of sympatry: Landscape genetics of hedgehogs *Erinaceus europaeus* and *E. roumanicus* in Central Europe. Heredity, 108(3), 248–255.

Bontadina F, Gloor S, Hotz T. 1993. Igel – Wildtiere in der Stadt. Grundlagen zur Förderung der Igel in Zürich. Bericht im Auftrag der Fachstelle Naturschutz des Gartenbau- und Landwirtschaftsamt der Stadt Zürich.

Bontadina F, Gloor S, Hotz T. 1994. Igel in der Stadt. Wildbiologie, 6(21), 1–14.

Bontadina F. 1991. Strassenüberquerungen von Igeln *(Erinaceus europaeus)*. Diplomarbeit am Zoologischen Institut der Universität Zürich.

Boschi C, Heim R. 2011. Die Schneckenfauna der Schweiz: Ein umfassendes Bild-und Bestimmungsbuch. Bern: Haupt.

Braaker S, Kormann U, Bontadina F, Obrist MK. 2017. Prediction of genetic connectivity in urban ecosystems by combining detailed movement data, genetic data and multi-path modelling. Landscape and Urban Planning, 160 (April), 107–114.

Braaker S, Moretti M, Boesch R, Ghazoul J, Obrist MK, Bontadina F. 2014. Assessing habitat connectivity for ground-dwelling animals in an urban environment. Ecological Applications, 24(7), 1583–1595.

Brereton GE, Ferrier JM, Ueltschi K. 1994. Le Mesnagier de Paris. Paris: LGF.

Burda H, Hilken G, Zrzavy J. 2008. Systematische Zoologie. UTB basics. Stuttgart: Ulmer.

Burkardt M, Horch P, Schmid H, Tobler F. 2004. Vögel – Unsere Nachbarn: Wie sie leben, was sie brauchen. Sempach: Schweizerische Vogelwarte.

Contesse P, Hegglin D, Gloor S, Bontadina F, Deplazes P. 2004. The diet of urban foxes *(Vulpes vulpes)* and the availability of anthropogenic food in the city of Zurich, Switzerland. Mammalian Biology, 69(2), 81–95.

Davey PA, Aebischer NJ. 2006. Participation of the National Gamebag Census in the Mammal Surveillance Network. Peterborough, UK: JNCC.

de Thaon P. 2018. Bestiaire, (MS BL Cotton Nero A. V). In Short I (Hrg.) Anglo-Norman Text Society. PlainTexts Series 20 (S. 58). Oxford: Anglo-Norman Text Society.

Delarze R, Gonseth Y, Eggenberg S. 2015. Lebensräume der Schweiz. Bern: Ott.

Dines I. 2008. The textual and pictorial metamorphoses of the animal called Chyrogrillius. In Goyens M, de Leemans P, Smets A (Hrg.), Science translated. Latin and vernacular translations of scientific treatises in medieval Europe (S. 73–90). Leuven University Press

Doncaster CP. 1992. Testing the role of intraguild predation in regulating hedgehog populations. Proceedings of the Royal Society B, 249, 113–117.

Doncaster CP. 1994. Factors regulating local variations in abundance: field tests on hedgehogs, *Erinaceus europaeus*. Oikos, 69(2), 182–192.

dos Reis M, Inoue J, Hasegawa M, Asher RJ, Donoghue PCJ, Yang Z. 2012. Phylogenomic datasets provide both precision and accuracy in estimating the timescale of placental mammal phylogeny. Proceedings of the Royal Society B: Biological Sciences, 279, 3491–3500.

Egli R, Bontadina F, Deplazes P, Arlettaz R. 2004. Comparison of physical condition and parasite burdens in rural, suburban and urban hedgehogs *Erinaceus europaeus*: implications for conservation. Diplomarbeit an der Philosophisch-naturwissenschaftlichen Fakultät der Universität Bern.

Fuhrmann M. 2018. Untersuchungen zur Wildtierrehabilitation und Wiederauswilderung von *Erinaceus europaeus* (Braunbrustigel) und *Erinaceus roumanicus* (Nördlicher Weißbrustigel) in Österreich. Animals, 10(9), 1452.

Geiger M, Taucher AL, Gloor S, Hegglin D, Bontadina F. 2018. In the footsteps of city foxes: evidence for a rise of urban badger populations in Switzerland. Hystrix, 9(2), 236–238.

Gruber G, Micklich N. 2007. Messel – Schätze der Urzeit. Hessisches Landesmuseum Darmstadt.

Hallmann CA, Sorg M, Jongejans E, Siepel H, Hofland N, Schwan H, Stenmans W, Müller A, Sumser H, Hörren T, Goulson D, De Kroon, H. 2017. More than 75 percent decline over 27 years in total flying insect biomass in protected areas. PLoS ONE, 12(10), e0185809.

Harris S, Morris P, Wray S, Yalden D. 1995. A review of British mammals: population estimates and conservation status of British mammals other than cetaceans. Joint Nature Conservation Committee, England.

Herter R. 1965. Hedgehogs, a comprehensive study. London: Phoenix House.

Hillson S. 2005. Teeth. Cambridge University Press.

Hof AR, Bright PW. 2009. The value of green-spaces in built-up areas for western hedgehogs. Lutra, 52(2), 69–82.

Hof AR, Bright PW. 2016. Quantifying the long-term decline of the West European hedgehog in England by subsampling citizen-science datasets. European Journal of Wildlife Research, 62(4), 407–413.

Hof AR, Snellenberg J, Bright PW. 2012. Food or fear? Predation risk mediates edge refuging in an insectivorous mammal. Animal Behaviour, 83(4), 1099–1106.

Hof AR. 2009. A study of the current status of the hedgehog *(Erinaceus europaeus)*, and its decline in Great Britain since 1960. Dissertation an der Royal Holloway, University of London.

Holz H, Niethammer J. 1990. *Erinaceus europaeus* Linnaeus, 1758 – Braunbrustigel, Westigel. In Niethammer J, Krapp F. (Hrg.), Handbuch der Säugetiere Europas (pp. 26–49). Wiesbaden: AULA-Verlag.

Home R. 2009. The social value of urban nature in Switzerland. Dissertation an der Mathematisch-naturwissenschaftlichen Fakultät der Universität Zürich.

Hubert P, Julliard R, Biagianti S, Poulle M. 2011. Ecological factors driving the higher hedgehog *(Erinaceus europeaus)* density in an urban area compared to the adjacent rural area. Landscape and Urban Planning, 103(1), 34–43.

Huijser MP, Bergers PJM. 2000. The effect of roads and traffic on hedgehog *(Erinaceus europaeus)* populations. Biological conservation, 95(1), 111–116.

Hünemörder C. 1991. «Igel» im Lexikon des Mittelalters (Band V, Spalte 365–66). München, Zürich: Artemis.

Krange M. 2015. Change in the occurrence of the West European Hedgehog *(Erinaceus europaeus)* in western Sweden during 1950–2010. Dissertation an der Karlstad University, Faculty of Health, Science and Technology, Department of Environmental and Life Sciences.

Krebs JR, Wilson JD, Bradbury RB, Gavin M. 1999. The second Silent Spring? Nature, 400, 611–612.

Kremer BP. 2014. Mein Garten – Ein Bienenparadies: Die 200 besten Bienenpflanzen. Bern: Haupt.

Macdonald D. 2006. The encyclopedia of mammals. Oxford University Press.

Mathews F, Harrower C. 2020. IUCN – compliant Red List for Britain's terrestrial mammals. Assessment by the Mammal Society under contract to Natural England, Natural Resources Wales and Scottish Natural Heritage. Peterborough: Natural England.

Meinig H, Boye P, Dähne M, Hutterer R, Lang J. 2020. Rote Liste und Gesamtartenliste der Säugetiere (Mammalia) Deutschlands. Naturschutz und Biologische Vielfalt, 170(2).

Meredith RW et al. 2011. Impacts of the Cretaceous Terrestrial Revolution and KPg extinction on mammal diversification. Science, 334(521), 521–524.

Micol T, Doncaster C, Mackinlay L. 1994. Correlates of local variation in the abundance of hedgehogs *Erinaceus europaeus*. Journal of Animal Ecology, 63(4), 851–860.

Morris P. 2018a. Hedgehog. London: William Collins.

Morris P. 2018b. Hedgehogs. Stansted: Whittet Books.

Nowak RM. 1999. Walker's Mammals of the World. Baltimore, London: Johns Hopkins University Press.

Obrist MK, Sattler T, Home R, Gloor S, Bontadina F, Nobis, M, Braaker S, Duelli P, Bauer N, Della Bruna P, Hunziker M, Moretti, M. 2012. Merkblatt für die Praxis Biodiversität in der Stadt – für Mensch und Natur. Eidgenössische Forschungsanstalt für Wald, Schnee und Landschaft.

Olsen L-H. 2016. Tier-Spuren. München: blv.

Pettett CE, Johnson PJ, Moorhouse TP, Macdonald DW. 2018. National predictors of hedgehog *Erinaceus europaeus* distribution and decline in Britain. Mammal Review, 48(1), 1–6.

Pettett CE, Moorhouse TP, Johnson PJ, Macdonald DW. 2017. Factors affecting hedgehog *(Erinaceus europaeus)* attraction to rural villages in arable landscapes. European Journal of Wildlife Research, 63(54).

Rasmussen SL, Berg TB, Dabelsteen T, Jones OR. 2019. The ecology of suburban juvenile European hedgehogs *(Erinaceus europaeus)* in Denmark. Ecology and Evolution, 9(23), 13174–13187.

Rasmussen SL. 2019. The Danish Hedgehog Project – How humans influence hedgehogs and how hedgehogs may affect humans when living closely together. Dissertation am Department of Biology, University of Southern Denmark & Naturama.

Rast W, Barthel LMF, Berger A. 2019. Music festival makes hedgehogs move: how individuals cope behaviorally in response to human-induced stressors. Animals, 9(7).

Robinson I, Routh A. 1999. Veterinary care of the hedgehog. In Practice, 21(3), 128–137.

Rondinini AC, Doncaster CP. 2002. Roads as barriers to movement for hedgehogs. Functional Ecology, 16(4), 504–509.

Roos S, Johnston A, Noble D. 2012. UK Hedgehog datasets and their potential for long-term monitoring. British Trust for Ornothology Research Report, (598), 9–59.

Rose KD. 2006. The beginning of the age of mammals. Baltimore: Johns Hopkins University Press.

Seddon JM, Santucci F, Reeve NJ, Hewitt GM. 2001. DNA footprints of European hedgehogs, *Erinaceus europaeus* and *E. concolor*: Pleistocene refugia, postglacial expansion and colonization routes. Molecular Ecology, 10(9), 2187–2198.

Segerer AH, Rosenkranz E. 2017. Das große Insektensterben: Was es bedeutet und was wir jetzt tun müssen. München: oekom.

Spirig T. 2009. Der Einfluss von Katzenabwehrgeräten auf das Verhalten der Igel. Zürcher Hochschule für Angewandte Wissenschaft.

Stocker M, Meyer S, Bauer K. 2012. Wildtiere: Hausfreunde und Störenfriede. Bern: Haupt.

Trewby ID, Young R, McDonald RA, Wilson GJ, Davison J, Walker N, Robertson A, Doncaster PC, Delahay RJ. 2014. Impacts of removing badgers on localised counts of hedgehogs. PLoS ONE, 9(4), 2–5.

van de Poel JL, Dekker J, van Langevelde F. 2015. Dutch hedgehogs *Erinaceus europaeus* are nowadays mainly found in urban areas, possibly due to the negative effects of badgers *Meles meles*. Wildlife Biology, 21(1), 51–55.

Van der Geer A, Lyras G, De Vos J, Dermitzakis M. 2011. Evolution of island mammals: adaptation and extinction of placental mammals on islands. Chichester: Wiley-Blackwell.

Warwick H. 2008. A prickly affair: the charm of the hedgehog. London: Penguin Books.

Wembridge D. 2011. The State of Britain's hedgehogs. Global Biodiversity, 1–24.

Westheide W, Rieger R. 2010. Spezielle Zoologie. Teil 2: Wirbel- oder Schädeltiere. Heidelberg: Spektrum.

Wille C. 2004. Quelques observations sur le porc-épic et le hérisson dans la littérature et l'iconographie médiévale. Reinardus, 17, 181–203.

Wille C. 2009. Der Reiher, das Neunauge und der Igel. Tiernamen im romanischen Mittelalter. In Obermaier S. (Hrg.), Tiere und Fabelwesen im Mittelalter (S. 79–104). Berlin, Boston: De Gruyter.

Williams B, Mann N, Neumann JL, Yarnell RW, Baker PJ. 2018. A prickly problem: developing a volunteer-friendly tool for monitoring populations of a terrestrial urban mammal, the Western European hedgehog *(Erinaceus europaeus)*. Urban Ecosystems, 21(6), 1075–1086.

Williams BM, Baker PJ, Thomas E, Wilson G, Judge J, Yarnell RW. 2018. Reduced occupancy of hedgehogs *(Erinaceus europaeus)* in rural England and Wales: The influence of habitat and an asymmetric intra-guild predator. Scientific Reports, 8(1), 17–20.

Wilson DE, Reeder DM. 2005. Mammal species of the world. A taxonomic and geographic reference. Johns Hopkins University Press.

Wilson E. 2018. Conservation strategy for West-European Hedgehog *(Erinaceus europaeus)* in the United Kingdom (2015–2025). London: People's Trust for Endangered Species.

Wroot AJ. 1984. Feeding ecology of the European hedgehog *Erinaceus europaeus*. Dissertation an der Royal Holloway, University of London.

Young RP, Davison J, Trewby ID, Wilson GJ, Delahay RJ, Doncaster CP. 2006. Abundance of hedgehogs (Erinaceus europaeus) in relation to the density and distribution of badgers *(Meles meles)*. Journal of Zoology, 269(3), 349–356.

Zingg R. 1994. Aktivität sowie Habitat-und Raumnutzung von Igeln *(Erinaceus europaeus)* in einem ländlichen Siedlungsgebiet. Dissertation an der Universität Zürich.

Zulka KP (Red.). 2005. Rote Listen gefährdeter Tiere Österreichs. Checklisten, Gefährdungsanalysen, Handlungsbedarf. Teil 1: Säugetiere, Vögel, Heuschrecken, Wasserkäfer, Netzflügler, Schnabelfliegen, Tagfalter. Grüne Reihe des Bundesministeriums für Land- und Forstwirtschaft, Umwelt und Wasserwirtschaft Band 14/1 (Gesamtherausgeberin Ruth Wallner). Böhlau: Wien.

Bildnachweis

Alamy: Nature Picture Library: S. 77
Alexandra Krieg/wildenachbarn.ch: S. 85 oben
Alfons Schmidlin/wildenachbarn.ch: S. 64 oben, S. 149 unten
Alicia Villard/nosvoisinssauvages.ch: S. 75 unten
Ann Bachmann: S. 115 rechts
Anne Berger: S. 191 beide
Anne Olivieri Waelti/nosvoisinssauvages.ch: S. 51 unten
Annika Lange: S. 189
Anick Delay/nosvoisinssauvages.ch: S. 75 oben
Anouk-Lisa Taucher/swild.ch: S. 39 unten links, S. 65 oben, S. 109 oben, S. 119 links, S. 142 oben, S. 146 beide oben und unten rechts, S. 152, S. 153 beide, S. 156, S. 157, S. 164 links, S. 165 beide oben
Blickwinkel: F. Hecker: S. 61 unten
Christa Thomke/wildenachbarn.ch: S. 12
Christian Ehrat/ceBilArt/Merishausen: 99 oben
Christine Dobler Gross: S. 145 links, S. 146 unten links, S. 150, S. 151
Claudia Kistler/swild.ch: Umschlag hinten oben, S. 128 beide, S. 129 oben, S. 136 unten, S. 137 unten, S. 141 unten, S. 161, S. 162 rechts, S. 165 unten links, S. 176
Cornelia Hürzeler/stadtwildtiere.ch: S. 199 unten
Daniel Núñez León: S. 34
Darren Tansley: S. 100 rechts
Denise Hänggi/wildenachbarn.ch: S. 149 oben
Didier Jeannin/nosvoisinssauvages.ch: Umschlag hinten unten, S. 70, S. 174
Die Werkstatt-Medienproduktion GmbH: S. 35
Eddie Pattiselanno/stadtwildtiere.ch: S. 100 links
Fabio Bontadina/swild.ch: S. 31 oben, S. 39 unten rechts, S. 46, S. 57 unten, S. 69 Mitte und unten, S. 79, S. 99 unten, S. 109 unten, S. 113 oben, S. 180 beide, S. 186, S. 205
Flickr, CC 2.0: Internet Archive Book Images: S. 49 oben; vil sandi: S. 27 oben
Franziska Lörcher/swild.ch: S. 64 unten
Georgina Brandenberger/wildenachbarn.ch: S. 53
Gregor Schaad/gregorschaad.photo: S. 84
Hedgehog Street: S. 159 oben
Igelzentrum Zürich: S. 40 unten, S. 43 unten, S. 44, S. 94 Mitte und unten, S. 95 unten, S. 113 unten, S. 115 links, S. 118 beide, S. 121 oben, S. 123, S. 132 beide, S. 133 alle, S. 145 rechts
Illumueller.ch: S. 80–81

Ingrid Blank, Frauenfeld: S. 14
iStock: corridor 91: S. 170
Jacqueline Hurt/stadtwildtiere.ch: S. 111 Mitte
Kathi Märki/swild.ch: S. 162 links
Katja Rauchenstein/swild.ch: S. 131
Katrin Rüesch/wildenachbarn.ch: S. 74
Kevin Vega: S. 143 beide, S. 159 Mitte, S. 160 beide, S. 165 Mitte und unten rechts, S. 166, S. 168 oben links
Kristina Plenk: S. 194, S. 195 unten
Laurent Debrot/nosvoisinssauvages.ch: S. 69 oben rechts
LBV: Christine Geidel: S. 50, S. 120; Martina Gehret: S. 116, S. 122, Oliver Wittig: S. 171 unten
Lisa Häflinger/stadtwildtiere.ch: S. 69 oben links
Lucas Mohn/stadtwildtiere.ch: Umschlag vorne unten, S. 36, S. 73 unten, S. 187, S. 196
Lukas Lienhard: S. 126
Madeleine Geiger/swild.ch: S. 24 beide, S. 39 oben und Mitte, S. 102, S. 103, S. 104 unten, S. 106, S. 125, S. 164 rechts, S. 168 oben rechts, S. 179
Marlen Tinner: S. 94 oben, S. 95 oben und Mitte
Marcus Bohler/wildenachbarn.ch: S. 17 links
Paul Cadalbert/wildenachbarn.ch: S. 83 alle
Pixabay: Alexas: S. 45, S. 47; Antranias: S. 114; maxman: S. 182; Oldiefan: S. 54
Pro Igel e.V. Bild- und Medienarchiv/Nigel Reeve: S. 49 unten
Rene Eschler/stadtwildtiere.ch: S. 105
Robert Cullis: S. 85 unten
Robert Home/Biodivercity: S. 167
Robert Zingg: S. 87
Sabine Kainz: S. 195 oben
Sandra Gloor/swild.ch: S. 41, S. 65 unten, S. 111 oben links und unten, S. 129 Mitte und unten, S. 137 oben, S. 141 oben, S. 142 unten, S. 159 unten, S. 171 oben, S. 201 alle
Sandra Schweizer/sandraschweizer.ch: S. 73 oben
Saskia Jenny/stadtwildtiere.ch: S. 104 oben
schlodrian.ch: S. 173
Shutterstock: ArtEvent ET: S. 19; ECOSTOCK: S. 51 oben; Kristian Bell: S. 20; Miroslav Hlavko: Umschlag vorne oben; Mabeline72: S. 119 rechts; Muhamad Mizan Bin Ngateni: S. 18; Simia Attentive: S. 43 oben
stadtwildtiere.ch: S. 101

Stefan Muri/stadtwildtiere.ch: S. 57 oben
Thomas Kimmich/stadtwildtiere.ch: S. 168 unten
Thomas Massie/stadtwildtiere.ch: S. 197
Thomas Pfister/wildenachbarn.ch: S. 40 oben
Tobias Reinhard/stadtwildtiere.ch: S. 183
Ueli Abt: S. 65 Mitte
Wikicommons, gemeinfrei: Allan Whittome: S. 26; George Chernilevsky: S. 28, S. 31 unten
Wikicommons, CC 2.0: Donald Hobern: S. 61 Mitte; Hannes Grobe: S. 21; Drew Avery: S. 27 unten
Wikicommons, CC 2.5: Rdsmith4: S. 135 oben
Wikicommons, CC 3.0: Cayambe: S. 135 unten; H. Zell: S. 135 Mitte; Kurt Kulac: S. 61 oben; Michael Gäbler: S. 202; Naturalezapura: S. 32; WolfmanSF: S. 17 rechts
Wikicommons, CC 4.0: Luc Hoogenstein: S. 16
wildenachbarn.ch: S. 199 oben

Sachregister

Im **Haupt Verlag** veröffentlichen wir mit Freude hochwertige Bücher. Wir sind ein unabhängiger Verlag, der sich vor allem auf die Themengebiete Garten & Natur und Gestalten & Design spezialisiert hat. Auf den folgenden Seiten empfehlen wir Ihnen weitere ausgewählte Titel aus unserem Programm, unser aktuelles Gesamtverzeichnis finden Sie auf **www.haupt.ch**.

Jürg Paul Müller

Die Mäuse und ihre Verwandten

Das verborgene Leben der Insektenfresser und Nagetiere

2014. 272 Seiten, über 560 Farbfotos, Flexibroschur
ISBN 978-3-258-07844-1

Mäuse – faszinierende kleine Säugetiere

Umgangssprachlich bezeichnen wir mit dem Begriff «Mäuse» ganz allgemein kleine, flinke, graubraune Säugetiere – doch beim genauen Hinsehen entdeckt man, dass Mäuse sehr verschieden aussehen. Das einzige gemeinsame Merkmal ist die geringe Körpergröße. Tatsächlich gehören Mäuse zu Säugetiergruppen, die gar nicht näher miteinander verwandt sind, beispielsweise zu den Insektenfressern mit den Spitzmäusen, Maulwürfen und Igeln oder zu den Nagetieren mit den Langschwanz-, Wühl- und Schlafmäusen. Weil sie so klein sind, aber auch weil Beobachtungen mit bloßem Auge bei den meist nachtaktiven Tieren kaum möglich sind, werden diese Kleinsäuger dauernd unterschätzt.
Der renommierte Autor mit seinem großen Erfahrungsschatz in den Bereichen Säugetierökologie und Wissensvermittlung gibt mit diesem leicht verständlichen Buch einen faszinierenden Einblick in die vielfältigen Lebensstrategien und Lebensräume der Mäuse und ihrer Verwandten. Das reiche, zum Teil seltene Fotomaterial wird von der Illustratorin Lea Gredig durch detailgenaue wissenschaftliche Zeichnungen zu Biologie und Verhalten ergänzt.

Hauptthema: Zoologie

Paul Marchesi / Claude Mermod / Hans C. Salzmann

Marder, Iltis, Nerz und Wiesel

Kleine Tiere, große Jäger

1. Auflage 2010. 192 Seiten, 185 Farbfotos, über 30 Grafiken/Zeichnungen/ Karten, gebunden
ISBN 978-3-258-07465-8

Marder, Iltis, Nerz und Wiesel sind flinke Tiere und wendige Jäger. Sie sind – vielleicht mit Ausnahme des Steinmarders, der sich häufig auch in Siedlungsräumen aufhält und da ab und zu gar für Ärger sorgt – schwierig zu beobachten. Dies mag mit ein Grund dafür sein, dass vielerorts wenig Wissen über Bestände der verschiedenen Arten vorliegt. Außer bei Steinmarder und Mink gibt es für alle andern Arten nach wie vor viele Hinweise auf einen Rückgang. Sie wurden deshalb auf europäischer Ebene in verschiedene Listen für beschränkte Nutzung oder absoluten Schutz aufgenommen. Dieses Buch will Wissenslücken schließen und die kaum sichtbaren Mitbewohner unserer Kulturlandschaft vorstellen. Informationen über ihre Lebensweise und Lebensräume, die Fortpflanzung, Ernährung und Jagdstrategien werden ergänzt mit Geschichten rund um das Zusammenleben mit dem Menschen: über die Jagd auf die Tiere um ihrer Pelze willen, Forschungserlebnisse, Partnerschaften und Konflikte im Siedlungsraum und die Gefährdung und Schutzbemühungen in neuster Zeit.